高等学校应用型本科系列教材

AutoCAD 2020工程绘图

主　编　谢　泳　胡元哲

副主编　黄　翔　杨富强

U0378835

西安电子科技大学出版社

内 容 简 介

本书主要介绍使用 AutoCAD 2020 中文版绘图的基本方法，内容包括 AutoCAD 2020 的概述、界面和基本操作，二维图形的绘制，图形的编辑工具，图形管理与视图显示控制，图块和图案填充，文字与尺寸，三维建模以及综合举例等。书中还编入了大量的绘图示例和练习题。

本书内容全面，结构清晰，实例丰富，通俗易懂，可作为高等学校应用型本科的教学用书，也可作为从事 CAD 绘图工作的工程技术人员的参考书。

图书在版编目(CIP)数据

AutoCAD 2020 工程绘图 / 谢泳，胡元哲主编. --西安：西安电子科技大学出版社，2023.11
ISBN 978-7-5606-6986-1

Ⅰ. ①A…　Ⅱ. ①谢…　②胡…　Ⅲ. ①工程制图—AutoCAD 软件　Ⅳ. ①TB237

中国国家版本馆 CIP 数据核字(2023)第 178175 号

策　　划　戚文艳
责任编辑　阎　彬
出版发行　西安电子科技大学出版社(西安市太白南路 2 号)
电　　话　(029) 88202421　88201467　　　　邮　　编　710071
网　　址　www.xduph.com　　　　　　　　　电子邮箱　xdupfxb001@163.com
经　　销　新华书店
印刷单位　咸阳华盛印务有限责任公司
版　　次　2023 年 11 月第 1 版　2023 年 11 月第 1 次印刷
开　　本　787 毫米×1092 毫米　1/16　印张 18.5
字　　数　438 千字
印　　数　1～3000 册
定　　价　47.00 元
ISBN　978-7-5606-6986-1 / TB

XDUP 7288001-1
如有印装问题可调换

前　言

　　AutoCAD 是计算机辅助设计领域应用最广泛的软件之一，在我国普遍应用于机械、建筑、纺织、航空等行业。为了使学生能够快速、准确地理解和掌握计算机绘图的技能，我们组织编写了本书。本书主要介绍了 AutoCAD 2020 中文版绘图的基本方法，内容包括二维图形的绘制、图形的编辑工具、图层的控制、尺寸和文本的标注、三维实体模型的绘制等。

　　本书总结了作者多年的教学经验和 AutoCAD 的教学规律，除了注重讲清理论概念和基本操作外，还通过典型示例来讲解 AutoCAD 2020 绘图的方法和技巧，既符合初学者的学习特点，又便于课堂教学。

　　本书内容由浅入深、循序渐进。书中包含了大量的实例，都采用"同一命令，多种操作，分步解释"的方法逐步讲解，图文并茂，简洁明了，便于学生掌握、巩固所学的内容。

　　本书由西安科技大学工程图学系教师和西安科技大学高新学院教师编写，谢泳、胡元哲担任主编，黄翔、杨富强担任副主编。参与本书编写的人员有杜金霞(第 1 章)、谢泳(第 2 章，第 8 章的 8.2、8.3、8.4 节及附录)、黄翔(第 3 章及第 8 章的 8.1 节)、杨富强(第 4 章)、张瑾(第 5 章)、胡元哲(第 6、7 章及第 8 章的 8.5 节)。

　　在本书编写的过程中，得到了西安科技大学高新学院教务处及西安电子科技大学出版社的大力支持，在此一并表示感谢。

　　由于作者水平有限，疏漏之处在所难免，恳请读者批评指正。

编　者

2023 年 7 月

目　录

第一章　AutoCAD 2020 的概述、界面和基本操作

 思政目标

　　AutoCAD 绘图是工科类学生必备的一种基本技能。本章以计算机绘图的发展过程为引题，通过对 AutoCAD 2020 的界面和基本操作的介绍，以期让读者学会应用先进设备和工程软件完成各种工程图样的绘制。随着科技的发展，我们要与时俱进，不断学习新知识、新技术，为我国科技事业自强自立做出贡献。青年是祖国的未来和世界的未来，新时代的青年要以远大的理想和奋斗的青春勇担时代使命和责任。

1.1　AutoCAD 概述

　　AutoCAD 是由美国 Autodesk 公司专为微机平台开发的通用计算机辅助绘图软件，自1982 年首次推出 R1.0 版本，到 2022 年推出最新的 AutoCAD 2023 版本，历经了多次版本升级，数次重大版本的改革，其功能日益增强、日臻完善。AutoCAD 具有易于掌握、使用方便、体系结构开放等优点，深受广大工程技术人员的欢迎。

　　AutoCAD 作为最典型、最常用、最广泛的交互式绘图软件之一，目前已全面进入实用阶段，实现了软件产品的商品化，它具有以下特点：

　　(1) 具有完善的图形绘制功能，绘制几何元素非常方便。

　　(2) 具有强大的图形编辑功能，可有效提高绘图效率。

　　(3) 允许对其进行二次开发。

　　(4) 提供了多种接口文件，具有较强的数据交换能力。

　　(5) 支持多种交互设备，具有良好的用户界面和高级辅助功能；支持多种操作平台。

　　(6) 软件易于掌握，适用于各种层次的用户。

1.2　AutoCAD 2020 的主要功能

　　AutoCAD 2020 涵盖了二维图形绘制和编辑、文本和表格的绘制、尺寸标注、图块与外部参照、辅助绘图、协同绘图、三维绘图和编辑、三维曲面造型与实体操作。其主要功能

包括以下几点。

1. 完善的绘图功能

AutoCAD 2020 拥有丰富的绘图命令，可以绘制直线、圆弧、圆、矩形、正多边形、椭圆等基本图线或图形，同时还拥有强大的修改命令。二者结合使用，可以绘制出各类复杂的图形。如图 1-1 所示为用 AutoCAD 绘制的二维平面图形。

图 1-1　二维平面图形

2. 强大的图形编辑功能

AutoCAD 2020 提供了强大的图形编辑和修改功能，如移动、旋转、缩放、延长、修剪、倒角、复制、阵列、镜像、删除等，可以灵活方便地对选定的图形对象进行编辑和修改。

3. 标注功能

图形尺寸反映图形所对应实体的真实大小。给图形标注尺寸，是绘图过程中不可缺少的环节。尺寸标注对象可以是二维图形，也可以是三维图形。

AutoCAD 2020 包含一套完整的尺寸标注和尺寸编辑命令，利用这些命令可以给图形标注满足工程实际需要的尺寸。AutoCAD 2020 提供了线性、对齐、弧长、半径、直径和角度等基本标注类型，可以进行水平、竖直、倾斜、半径、直径、角度等标注，还可以进行引线标注、公差标注以及坐标标注等，如图 1-2 所示。

图 1-2　尺寸标注

4．三维绘图功能

使用 AutoCAD 2020，通过拉伸、旋转，设置标高、厚度等操作，可以方便地将二维图形转换为三维立体图形。使用下拉菜单"绘图"→"建模"命令中的子命令，可以很方便地绘制长方体、圆锥体、球体、圆柱体等基本实体以及三维网格、旋转网格等曲面模型，结合相关修改命令，可以绘制出各种复杂的三维立体图形，如图 1-3 所示。

图 1-3　三维立体图形

5．良好的设计输出环境

在 AutoCAD 2020 中可以将图形文件输出为其他格式的文件，以便在其他软件中进行编辑处理。例如：要在 Photoshop 中进行编辑，可以将图形输出为 .bmp 格式的文件；要在 Corel Draw 中进行编辑，则可以将图形输出为 .wmf 格式的文件。

执行"输出"命令有以下三种常用方法：

(1) 选择"文件"→"输出"命令，如图 1-4 所示。

图 1-4　文件输出方法一

(2) 单击"文档管理器"下拉按钮，在弹出的菜单中选择"输出"→"其他格式"命令，如图 1-5 所示。

图 1-5　文件输出方法二

　　(3) 在命令窗口中执行"EXPORT"命令后，软件将打开如图 1-6 所示的"输出数据"对话框。在该对话框的"保存于"下拉列表框中选择文件的保存路径，在"文件类型"下拉列表框中选择要输出的文件格式，在"文件名"下拉列表框中输入图形文件的名称，然后单击"保存"按钮即可输出图形文件。

图 1-6　文件输出方法三

在 AutoCAD 2020 中，图形的输出格式如表 1-1 所示。

表 1-1　图形的输出格式

格式	说　明
.bmp	输出为位图文件，几乎可以供所有图像处理软件使用
.wmf	输出为位图文件，几乎可以供所有图像处理软件使用
.dwf	输出为 Windows 图元文件格式
.dxx	输出为 DXX 属性的抽取文件
.dgn	输出为 MicroStation V8 DGN 格式的文件
.dwg	输出为可供其他 AutoCAD 版本使用的图块文件
.stl	输出为三维立体图文件
.sat	输出为 ACIS 文件
.eos	输出为封装的 PostScript 文件

1.3　AutoCAD 2020 的经典界面

AutoCAD 2020 版本为用户提供了"二维草绘"和"三维建模"两种工作空间模式。AutoCAD 2020 的默认用户界面为二维草绘界面，其中包括标题栏、菜单栏、功能区、绘图区、命令行窗口、状态栏等元素，其组成如图 1-7 所示。

图 1-7　二维草图界面

AutoCAD 2020 的"二维草绘"与"三维建模"两种工作空间的切换过程如下：

(1) 打开 AutoCAD 2020，单击"开始绘制"图标，进入默认的二维草绘界面。

（2）单击 AutoCAD 2020 界面右下角状态栏中的"设置"图标，在其下拉菜单中可切换到"三维建模"工作空间，如图 1-8 所示。

图 1-8　切换工作空间

（3）单击 AutoCAD 2020 界面右下角状态栏中的"设置"图标，在其下拉菜单中选中"草图与注释"，即可切换回"二维草绘"工作空间。

1. 标题栏

AutoCAD 2020 中文版操作界面的最上端是标题栏。标题栏显示了系统当前正在运行的应用程序和正在使用的图形文件。第一次启动 AutoCAD 2020 时，标题栏将显示创建并打开的图形文件 Drawing1.dwg。

2. 菜单栏

在 AutoCAD 2020 操作界面单击"　▼　"按钮，就会显示如图 1-9 所示的界面，单击"隐藏菜单栏"，可以实现菜单栏的显示和隐藏功能。

图 1-9　下拉菜单

3. 绘图区

绘图区是指在标题栏下方的大片空白区域，用于绘制图形。用户要完成一幅图形的设计，主要的工作都是在绘图区中完成的。实际上绘图区是绘制和编辑图形以及创建文字和表格的区域，也被称为绘图窗口。绘图区中包括控制视图按钮、坐标系图标、十字光标等元素。

4. 功能区与工具栏

功能区其实是一种特殊的选项板，默认情况下位于图形窗口的上方，用于显示与基于任务的工作空间相关联的按钮和控件。功能区由若干个选项卡组成，每个选项卡包含若干个面板，每个面板又包含若干个归组的命令按钮和工具控件。

工具栏的作用与功能区相似，它是一组按钮工具的集合。单击菜单栏中的"工具(T)"→"工具栏"将弹出 52 种工具选项，单击其中某个按钮就可以显示/隐藏相应的命令，如图1-10 所示。

图 1-10　工具栏

5. 命令行窗口

命令行窗口是输入命令名和显示命令提示的区域，默认状态下命令行窗口在绘图区域下方，由若干个文本行组成。

在命令行窗口中单击"🔧"按钮就会显示图 1-11，实现命令行窗口的设置和调整。单击"▦"按钮可以随意拖动命令行窗口。

图 1-11　命令行设置和调整

命令行的调出/关闭有以下两种执行方式：

(1) 单击菜单栏中的"工具"→"命令行"选项选择是否关闭命令行窗口，如图 1-12 所示。

(2) 使用快捷键"Ctrl + 9"。

图 1-12　调出和关闭命令行

6. 状态栏

状态栏包括坐标、模型空间、栅格、捕捉模式、推断约束、动态输入、正交模式、极轴追踪、等轴测草图、对象捕捉追踪、二维对象捕捉、线宽、透明度、选择循环、三维对象捕捉、动态 UCS、选择过滤、小控件、注释可见性、自动缩放、注释比例、切换工作空间、注释监视器、单位、快捷特性、锁定用户界面、隔离对象、硬件加速、全屏显示、自定义等 30 个功能按钮。单击这些按钮可以实现其相应功能的开关状态。可以在自定义按钮中选择自己所需要的功能，并将其显示在状态栏中。

状态栏各功能按钮的作用如下。

(1) 坐标：显示工作区鼠标放置点的坐标。

(2) 模型空间：在模型空间与布局空间之间进行转换。

(3) 栅格：栅格是覆盖整个坐标系(UCS)XY 平面的直线或点组成的矩形图案。栅格类似于在图形下放置一张坐标纸，利用栅格可以对齐对象并直观显示对象之间的距离。

(4) 捕捉模式：有栅格捕捉和极轴捕捉两种模式。栅格捕捉模式下，绘图屏幕上隐含分布着按指定行间距和列间距排列的栅格点，这些栅格点对光标有吸附作用，可以使光标在绘图屏幕上按指定的步距移动，且只能落在由这些点确定的位置上。极轴捕捉模式下，光标将沿极轴角度按指定的增量进行移动。

(5) 推断约束：自动对正在创建或编辑的对象与对象捕捉的关联对象或点之间应用约束。

(6) 动态输入：在光标附近显示一个提示框(称之为"工具提示")。工具提示中将显示对应的命令提示和光标的当前坐标值。

(7) 正交模式：将光标限制在水平或垂直方向上移动，便于精确地创建和修改对象。当创建或移动对象时，可以使用正交模式将光标限制在相对于用户坐标系(UCS)的水平或垂直方向上。

(8) 极轴追踪：使用极轴追踪时，光标将按指定角度进行移动。创建或修改对象时，可以使用极轴追踪来显示由指定的极轴角度所定义的临时对齐路径。

(9) 等轴测草图：通过设定"等轴测捕捉栅格"，可以很容易地沿三个等轴测平面之一对齐对象。尽管等轴测图形看似是三维图形，但它实际上是由二维图形表示的，因此，不能期望从中提取三维距离和面积以及从不同视点显示对象或自动消除隐藏线。

(10) 对象捕捉追踪：使用对象捕捉追踪时，可以沿着基于对象捕捉点的对齐路径进行追踪，已获取的点将显示一个小加号(+)，一次最多可以获取 7 个追踪点。获取点之后，在绘图路径上移动光标，将显示相对于获取点的水平、垂直或极轴对齐路径。例如，可以基于对象端点、中点或者交点，沿着某个路径选择一点。

(11) 二维对象捕捉：使用二维对象捕捉时，可以在绘图对象上精确捕捉到相应的点。

(12) 线宽：使用该命令可以分别显示对象所在图层中设置的不同线宽。

(13) 透明度：使用该命令可以调整绘图对象显示的明暗程度。

(14) 选择循环：当一个对象与其他对象彼此接近或重叠时，准确地选择某个对象是很困难的，使用选择循环命令，单击鼠标左键，弹出"选择集"列表框，在列表中选择所需的对象即可解决问题。

(15) 三维对象捕捉：三维对象捕捉与二维对象捕捉功能类似，不同之处在于在三维中可以投影对象捕捉。

(16) 动态 UCS：在创建对象时使 UCS 的 XY 平面自动与实体模型上的平面临时对齐。

(17) 选择过滤：根据对象特性或对象类型对选择集进行过滤。当按下过滤图标后，只选择满足指定条件的对象，其他对象将被排除在选择集之外。

(18) 小控件：使用该命令可以帮助用户沿三维轴或平面移动、旋转或缩放一组对象。

(19) 注释可见性：当图标亮显时表示显示所有比例的注释性对象；当图标变暗时表示仅显示当前比例的注释性对象。

(20) 自动缩放：注释比例更改时，自动将比例添加到注释对象。

(21) 注释比例：单击注释比例右下角小三角符号弹出注释比例列表，可以根据需要选择。

(22) 切换工作空间：使用该命令可以进行工作空间的转换。

(23) 注释监视器：使用该命令可以打开仅用于所有事件或模型文档事件的注释监视器。

(24) 单位：使用该命令可以指定线性和角度单位的格式和小数位数。

(25) 快捷特性：使用该命令可以控制快捷特性面板的使用与禁用。

(26) 锁定用户界面：使用该命令可以锁定工具栏、面板以及可固定窗口的位置和大小。

(27) 隔离对象：当选择隔离对象时，在当前视图中显示选定对象，其他对象都暂时隐藏；当选择隐藏对象时，在当前视图中暂时隐藏选定对象，所有其他对象都可见。

(28) 硬件加速：使用该命令可以设定图形卡的驱动程序以及设置硬件加速的选项。

(29) 全屏显示：使用该命令可以清除 AutoCAD 2020 窗口中的标题栏、功能区和选项板等界面元素，使 AutoCAD 2020 的绘图窗口全屏显示。

(30) 自定义：状态栏可以提供重要信息，而无须中断工作流。使用 MODEMACRO 系统变量可将应用程序识别的大多数数据显示在状态栏中。使用该系统变量的计算、判断和编辑功能可以完全按照用户的要求构造状态栏。

7. 模型和布局选项卡

AutoCAD 2020 默认设定了一个"模型"空间和"布局 1""布局 2"两个图样空间(布局)标签，这里有两个概念需要解释一下。

(1) 模型。AutoCAD 2020 的空间分为模型空间和图样空间(布局)两种。模型空间通常是绘图的环境，而在图样空间中，用户可以创建浮动视口，以不同视图显示所绘图形，还可以调整浮动视口并决定所包含视图的缩放比例。利用图样空间，可打印多个视图，也可以打印任意布局的视图。AutoCAD 2020 默认打开模型空间，用户可通过单击操作界面下方的布局标签选择需要的布局。

（2）布局。布局是系统为绘图设置的一种环境，包括图样大小、尺寸单位、角度设定、数值精确度等，在系统预设的标签中，这些环境变量都按默认设置。用户可以根据实际需要改变变量的值，也可设置符合自己要求的新标签。

8. 快捷菜单

在绘图区任意空白位置右键单击，可显示图 1-13(a)所示的下拉菜单，通过单击任意选项可切换其对应功能，其中单击"选项"按钮，可弹出选项对话框，进行当前文件显示、打开和保存、打印和发布等设置。

(a)

(b)

图 1-13　快捷菜单

在菜单栏或功能区任意空白位置右键单击，可显示图 1-13(b)所示的下拉菜单，单击显示面板按钮可隐藏或调出对应的常用功能区。

1.4　AutoCAD 2020 的三维建模

1. 三维模型的类型

AutoCAD 2020 中提供了多种三维建模技术，常用的有三维线框建模、三维实体建模、三维曲面建模、三维网格建模。每一种三维建模技术都具有不同的功能，不同三维模型的效果如图 1-14 所示。

| 三维线框 | 三维实体 | 三维曲面 | 三维网格 |

图 1-14　不同三维模型的效果

(1) 线框建模：对于初始设计迭代非常有用，可以在参照几何图形时用作三维线框，以进行后续的建模或修改。

(2) 实体建模：不但能高效使用且易于合并图元和拉伸轮廓，还能提供质量特性和截面功能。

(3) 曲面建模：可精确地控制曲面，从而实现精确的操纵和分析。

(4) 网格建模：提供了自由形式雕刻、锐化和平滑处理功能。

2. 查看动态三维模型

在 AutoCAD 2020 中，可以利用其提供的三维动态观察器实时控制和改变当前视口中的三维视图，从而得到用户所期望的效果。动态查看三维模型效果如图 1-15 所示。

图 1-15　动态查看三维模型

AutoCAD 2020 中的动态观察有受约束的动态观察、自由动态观察和连续动态观察三类。在命令栏中输入 3DO(或 3DORBIT)，打开受约束的动态观察，在"受约束的动态观察"环境下，观察的视点会围绕目标移动，但是视图的目标是保持静止的。从用户的视点来看，三维模型会随着光标的移动而移动。如果水平拖动鼠标，模型将沿平行于世界坐标系的 XY 平面移动；若垂直拖动鼠标，模型将沿着 Z 轴移动。在绘图区空白位置单击鼠标右键，显示包含多个选项的快捷菜单。其中最常用的选项包括：

(1) 在不同的视觉样式(如"概念""真实"或"X 射线")之间切换。

(2) 在平行和透视投影之间切换。

(3) 在不同的标准预设视图(如俯视图、前视图)之间选择。

3. 三维 AutoCAD 命令

AutoCAD 2020 中大多数用于二维绘图操作的命令均可应用于三维模型，但也存在一些专用于三维环境的命令。

1.5　AutoCAD 2020 的命令执行

1. 命令的执行方式

在 AutoCAD 2020 中部分命令有两种执行方式，即通过对话框或命令行输入命令。如果指定使用命令行方式，就可以在命令名前加短下画线来表示，如 _LAYER 表示用命令行方式执行"图层"命令。而如果在命令行输入 LAYER，系统则会打开"图层特性管理器"对话框。

另外，有些命令同时存在命令行、菜单栏、工具栏和功能区等四种执行方式，这时如果选择菜单栏、工具栏或功能区方式，命令行就会显示该命令，并在前面加下画线。例如，通过菜单栏、工具栏或功能区方式执行"直线"命令时，命令行会显示 _line.

2. 命令缩写

命令缩写，也称为命令别名。利用命令行执行命令时，可通过键盘输入命令缩写，而不用输入命令的全名，这样可以提高绘图效率。AutoCAD 软件允许为任何命令、设备驱动程序命令或外部命令定义别名。AutoCAD 中的 acad.pgp 文件的第二部分用于定义命令别名，可以在 ASCII 文本编辑器(例如记事本)中编辑 acad.pgp 文件来修改现有别名或添加新的别名。部分常用命令及其缩写如表 1-2 所示。

表 1-2　部分常用命令及其缩写

名称	命令	缩写	名称	命令	缩写
圆	circle	c	修剪	trim	tr
圆环	donut	do	创建块	block	b
直线	line	l	正多边形	polygon	pol
矩形	rectang	rec	标注样式	dimstyle	d
删除	erase	e	文字样式	style	st
复制	copy	co	窗口缩放	zoom	z
镜像	mirror	mi	查询距离	dist	di
偏移	offset	o	实时平移	pan	p
阵列	array	ar	特性匹配	matchprop	ma
移动	move	m	插入块	insert	i

3. 重复执行命令

重复执行命令有两种方法：

(1) 按回车键或空格键，可重复调用上一个命令，无论上一个命令是完成的还是被取消的。

(2) 在绘图区中右击鼠标，点击"重复 ERASE(R)"命令，如图 1-16 所示。

图 1-16　右击鼠标后出现"重复"命令

4. 提示与选项

在命令行中输入命令名。命令字符可不区分大小写。执行命令时，在命令行的提示中经常会出现命令选项。例如在命令行中输入绘制直线命令 LINE 后，命令行提示与操作如图 1-17 所示。

图 1-17　命令 LINE 后续提示与操作

命令行中不带括号的提示为默认选项(如图 1-17 中的"指定下一点")，因此可以直接输入直线的起点坐标或在绘图区指定一点，如果要选择其他选项，则首先应输入该选项的标识字符(如"放弃"选项的标识字符"U")，然后按系统提示输入数据即可。在命令选项的后面有时还带有尖括号，尖括号内的数值为默认数值。

5. 终止命令

终止命令有两种方法：

(1) 在命令行中输入命令，按回车键执行命令，然后单击鼠标右键选择"确定(E)"按钮终止命令，如图 1-18 所示。

(2) 按"Esc"键终止命令。

图 1-18　终止命令方式 1

1.6　AutoCAD 2020 的文件管理

1. 新建图形文件

新建图形文件有以下几种方法：

(1) 单击图标 " " 按钮，新建图形文件，输入文件名，选择文件类型，单击 "打开" 按钮，如图 1-19 所示。

图 1-19　新建文件方法 1

(2) 使用快捷键 "Ctrl + N" 新建图形文件。

(3) 直接单击标题显示栏中的 " " 新建图形文件，如图 1-20 所示。

图 1-20　新建文件方法 3

(4) 在命令行中输入"NEW",新建图形文件。

(5) 在文件选项卡区域右击鼠标,新建图形文件,如图 1-21 所示。

图 1-21 新建文件方法 5

2. 打开文件

打开文件有以下几种方法:

(1) 单击图标"![A]",选择"打开"→"图形"选择要打开的图形文件,单击"打开"按钮,如图 1-22 所示。

图 1-22 打开文件方法 1

(2) 使用快捷键"Ctrl + O"打开图形文件。

(3) 在文件选项卡区域右击鼠标,打开图形文件,如图 1-23 所示。

图 1-23 打开文件方法 3

3. 保存图形

在绘制完图形或绘制图形的过程中都可以保存文件。保存图形有以下五种执行方式:

(1) 命令行:输入 QSAVE(或 SAVE)命令。

(2) 菜单栏：点击菜单栏中的"文件"→"保存"或者"另存为"命令。

(3) 主菜单：单击主菜单下的"保存"命令。

(4) 工具栏：单击标准工具栏中的"保存"按钮 或单击快速访问工具栏中的"保存"按钮 。

(5) 快捷键：Ctrl + S(保存)、Ctrl + Shift + S(另存为)。

执行上述操作后，若文件已命名，则系统自动保存文件；若文件未命名(即为默认名 Drawingl.dwg)，则系统打开"图形另存为"对话框，用户可以重新命名并保存。在"保存于"下拉列表框中指定保存文件的路径，在"文件类型"下拉列表框中指定保存文件的类型。当打开多个文件时，如若要保存全部文件，可以在文件选项卡区域右击鼠标，全部保存。

1.7　　AutoCAD 2020 的退出与关闭

1. 退出命令

当一条命令正在执行时，若要退出该命令，按"Esc"键即可。

2. 关闭图形文件

关闭图形文件有三种方式：

(1) 单击图标"A-"按钮，单击"关闭"按钮即可，如图 1-24 所示。

图 1-24　关闭文件方法 1

(2) 单击标题显示栏中的""来关闭图形文件，如图 1-25 所示。

图 1-25　关闭文件方法 2

(3) 在标题显示栏中标题上右击鼠标，点击"关闭"按钮，如图 1-26 所示。

图 1-26　关闭文件方法 3

3. 退出 AutoCAD 2020

想要退出 AutoCAD 2020 时，为了避免文件的丢失，应该采取正确的退出方法。退出 AutoCAD 2020，可以采用以下五种方法：

(1) 在用户界面中，单击当前程序标题栏最左边的软件图标，在其窗口下拉菜单中单击"退出 Autodesk AutoCAD 2020"，如图 1-27 所示。

(2) 在用户界面中，单击当前程序标题栏最右边的"关闭"按钮 ✕。

图 1-27　退出软件方法 1

(3) 单击下拉菜单中的"文件"→"退出"命令,如图 1-28 所示。

图 1-28　退出软件方法 3

(4) 在命令行中输入"quit"或者"close"，并按"Enter"键。

(5) 执行快捷键 Ctrl + Q。

提示：若图形未保存，系统将会弹出如图 1-29 所示的警告框。

图 1-29　图形未保存警告框

思考与练习

1. 选择题

(1) 第一次启动 AutoCAD 2020 版本中创建的标准文件后缀名是(　　)。

A. .dwt　　　　　　B. .dwg　　　　　　C. .dwf　　　　　　D. .dgs

(2) 在 AutoCAD 中文本窗口打开的快捷键是(　　)。

A. F1　　　　　　B. F2　　　　　　C. F8　　　　　　D. F9

(3) AutoCAD 进行三维建模的类型有(　　)。

A. 线框建模　　　　　　　　B. 曲面建模

C. 实体建模　　　　　　　　D. 网格建模

(4) 重新执行上一个命令的最快方法是(　　)。

A. 按回车键　　　　　　　　B. 按空格键

C. 按 ESC 键　　　　　　　　D. 按 F1 键

(5) 取消命令执行的键是(　　)。

A. 按回车键　　　　　　　　B. 按空格键

C. 按 ESC 键　　　　　　　　D. 按 F1 键

(6) 保存图形文件的快捷键是(　　)。

A. Ctrl + N　　　　　　　　B. Ctrl + O

C. Ctrl + S　　　　　　　　D. Ctrl + Shift + S

(7) 新建图形文件的快捷键是(　　)。

A. Ctrl + S　　　　　　　　B. Ctrl + O

C. Ctrl + N　　　　　　　　D. Ctrl + Shift + S

(8) 打开图形文件的快捷键是(　　)。

A. Ctrl + S　　　　　　　　B. Ctrl + O

C. Ctrl + N　　　　　　　　D. Ctrl + Shift + S

2. 填空题

(1) AutoCAD 2020 版本为用户提供了_____和_____两种工作空间模式。

(2) 绘图区包括_____、_____、_____等元素。

(3) 命令行窗口是_____命令名和_____命令提示的区域。

(4) AutoCAD 中的三维建模包括_____、_____、_____、_____。

(5) AutoCAD 2020 默认设定了一个_____空间和_____、_____两个图样空间(布局)标签。

3. 简答题

(1) AutoCAD 2020 主要功能是什么？

(2) 写出下列常用命令的缩写：

圆、直线、矩形、镜像、复制、偏移、修剪、删除。

第 2 章　二维图形的绘制

思政目标

通过常用绘图命令的学习，绘制工程图样。工程图样是设计和制造机器设备过程中的重要资料，设计画图时不能画错，制造施工看图时不能看错，否则会给生产带来损失，因此必须养成一丝不苟的工作作风和严谨认真的工作态度。工程图样是工程界的交流语言，绘图时应遵循相应的国家标准，要树立"严格遵守标准"的理念，严格贯彻执行国家标准。在生活中也要遵纪守法，做一名合格的社会主义事业的接班人。

任何复杂的图形都可以看成是由直线、圆弧等基本图形所组成的，掌握这些基本图形的绘制方法是学习 AutoCAD 的基础。AutoCAD 提供了丰富的绘图命令，使用这些命令可以方便地绘制出各种基本图形，本章主要介绍 AutoCAD 2020 绘制二维图形的功能。

2.1　坐　　标

用 AutoCAD 绘图时，点的位置是由点的坐标确定的，因此，首先要了解 AutoCAD 2020 的坐标系统。

2.1.1　世界坐标系

在 AutoCAD 2020 绘图窗口的左下角有一个反映当前坐标系的图标。图标中坐标系的原点(0, 0, 0)位于绘图窗口的左下角，X 轴位于绘图窗口的底部，为水平方向，向右为正方向；Y 轴位于绘图窗口的左边，为竖直方向，向上为正方向；Z 轴垂直于 XY 平面。

2.1.2　点的坐标表示方式

1. 直角坐标

直角坐标是从原点开始计算的，沿 X 轴向右，沿 Y 轴向上为正方向。如图 2-1 所示，A 点的坐标为(30, 15)表示 A 点位于原点向右 30 个单位，向上 15 个单位的位置。绘图时，在命令行中输入 A 点的形式为：

30, 15

图 2-1　直角坐标

2. 极坐标

用某点到原点的距离以及该点和原点连线与 X 轴正向的夹角来确定该点的位置，距离和角度之间用"<"隔开，这种形式的坐标称为极坐标。如图 2-2 所示，B 点到原点的距离为 60，B 点和原点的连线与 X 轴正方向的夹角为 30°，那么 B 点的极坐标为：

图 2-2　极坐标

$$60 < 30$$

3. 相对坐标

相对于某一指定点的坐标叫相对坐标。常用的有相对直角坐标和相对极坐标这两种方式，输入时，要在坐标前加上"@"，表示是相对坐标。如图 2-3 所示，已知 D 点的坐标为(20, 10)，此时如果输入相对直角坐标：

图 2-3　相对坐标

$$@20, 20$$

就相当于输入绝对坐标为(40, 30)的 F 点。此时，如果再输入相对极坐标：

$$@20 < 180$$

那么就相当于输入绝对坐标为(20, 30)的 E 点。

2.1.3　点的基本输入方式

点的基本输入方式如下：

(1) 鼠标点击。移动鼠标选点，单击左键确定。

(2) 输入点的绝对直角坐标。输入点的绝对直角坐标(指相对于当前坐标系原点的直角坐标)"X，Y"。相对于原点，X 向右为正，Y 向上为正；反之为负。输入后按回车键确定。

(3) 输入点的相对直角坐标。输入点的相对直角坐标(指相对于前一点的直角坐标)"@X，Y"。相对于前一点，X 向右为正，Y 向上为正；反之为负。输入后按回车键确定。

(4) 输入直接距离。用鼠标导向，从键盘直接输入相对于前一点的距离，按回车键确定。

2.2　基本图形的绘制

本节介绍点(Point)、直线(Line)、构造线(Xline)、圆(Circle)、圆环(DoNut)、圆弧(Arc)、椭圆(Ellipse)、矩形(Rectangle)、等边多边形(Ploygon)、多段线(Pline)、样条曲线(Spline)等基本图形的绘制以及相关的操作说明。

在使用绘图命令时，可利用绘图工具栏(如图 2-4 所示)以及绘图菜单(如图 2-5 所示)快速进行输入。

图 2-4　绘图工具栏　　　　　　　　图 2-5　绘图菜单

2.2.1　点

1. 绘制点

绘制点的主要目的是在图形中起标记作用，如圆的中心、图形的基点等。在缺省状态下，屏幕上的点就是一个小圆点。

(1) 命令输入。

绘制点的几种操作方式如下：

工具栏：单击"点"按钮 ⋮⋮。

命令行：POINT✓ (可简写为"PO✓")。

下拉菜单："绘图"→"点"→"单点"或"多点"。

(2) 操作说明。

命令行：POINT✓

当前点模式：PDMODE = 0　PDSIZE = 0.0000　　　　　(显示当前点的特点)

指定点：　　　　　　　　　　　　　　　　　　　(用鼠标点击或键盘输入点的位置)

2. 设置点的样式

AutoCAD 2020 提供了多种不同样式的点，用户可根据自己的需要来设置。

(1) 命令输入。

设置点样式的几种操作方式如下：

命令行：DDPTYPE✓。

下拉菜单："格式"→"点样式"。

(2) 操作说明。

命令：DDPTYPE✓

执行上述命令后，AutoCAD 2020 弹出"点样式"对话框，如图 2-6 所示。对话框中列出了点的各种样式，用户可根据自己的需要进行选取，还可以利用"点大小"选项框来调整点的显示尺寸。

图 2-6　点样式对话框

3. 等分点

等分点命令用于在指定直线、圆、椭圆、多段线和样条曲线上，按给出的等分段数设置等分点。

(1) 命令输入。

等分点的几种操作方式如下：

命令行：DIVIDE✓(可简写为"DIV✓")。

下拉菜单："绘图"→"点"→"定数等分"。

(2) 操作说明。

命令：DIVIDE✓

选择要定数等分的对象：　　　　(指定直线、圆、椭圆、多段线和样条曲线等)

输入线段数目或[块(B)]：　　　　(输入等分的段数，或 B 选项在等分点插入图块)

4. 测量点

测量点命令用于在指定线上按给出的分段长度设置测量点。

(1) 命令输入。

测量点的几种操作方式如下：

命令行：MEASURE✓(可简写为"ME✓")。

下拉菜单："绘图"→"点"→"定距等分"。

(2) 操作说明。

命令：MEASURE✓

选择要定距等分的对象：

指定线段的长度或[块(B)]：

2.2.2　直线

直线是图形中最常见、最简单的实体。直线命令"LINE"用于绘制单独或连续的直线段，每段直线都是一个独立的对象。

(1) 命令输入。

绘制直线的几种操作方式如下：

工具栏：单击"直线"按钮 。

命令行：LINE✓(可简写为"L✓")。

下拉菜单："绘图"→"直线"。

(2) 操作说明。

命令：LINE↙

指定第一点：　　　　　　　　　(用鼠标或键盘输入起始点位置)

指定下一点或[放弃(U)]：　　　　(输入直线的端点)

指定下一点或[退出(E)/放弃(U)]：(输入下一直线的端点，或输入选项"E"退出，或输入选项"U"放弃，或按回车键结束命令)

指定下一点或[关闭(C)/退出(X)/放弃(U)]：(输入下一直线的端点，或输入选项"C"使直线图形闭合，或输入选项"X"退出，或输入选项"U"放弃，或按回车键结束命令)

【示例 2-1】　绘制如图 2-7 所示的直线框图，操作如下：

命令：LINE↙

指定第一点：30,50↙　　　　　　　　　　　(用直角坐标指定 A 点)

指定下一点或[放弃(U)]：@40<90↙　　　　　(用相对极坐标指定 B 点)

指定下一点或[退出(E)/放弃(U)]：@20, -10↙　(用相对直角坐标指定 C 点)

指定下一点或[关闭(C)/退出(X)/放弃(U)]：@25<0↙　(用相对极坐标指定 D 点)

指定下一点或[关闭(C)/退出(X)/放弃(U)]：@30<-90↙　(用相对极坐标指定 E 点)

指定下一点或[关闭(C)/退出(X)/放弃(U)]：C↙　(封闭图形)

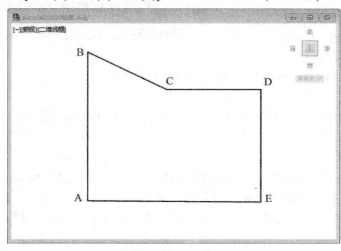

图 2-7　直线段的绘制

2.2.3　构造线

构造线是通过指定点的双向无限长直线。在绘制大而复杂的图形时，用构造线作为辅助线，可以较方便地绘制出精确的图形。

(1) 命令输入。

绘制构造线的几种操作方式如下：

工具栏：单击"构造线"按钮。

下拉菜单："绘图"→"构造线"。

命令行：XLINE✓ (可简写为 "XL✓")。

(2) 操作说明。

命令：XLINE✓

指定点或[水平(H)/垂直(V)/角度(A)/二等分(B)/偏移(O)]：

以上提示含有多种选项，分别说明如下：

① 指定点。指定构造线上第一点，指定后，命令行提示：

指定通过点：

指定构造线上另一点，指定后，则绘制出经过这两点的构造线，同时命令行继续提示：

指定通过点：

在此提示下若再指定一点，则又绘制出过第一点与该点的构造线；若按回车或空格键，则结束命令。

② 水平。绘制通过指定点的平行构造线。执行该选项，则命令行提示：

指定通过点：

指定构造线上一点，指定后，便绘制出经过该点的水平构造线，命令行继续提示：

指定通过点：

在此提示下若再指定一点，则又绘制出过该点的水平构造线，这样可绘制出多条水平构造线；若按回车或空格键，则结束命令。

③ 垂直。绘制垂直构造线，其绘制方法与绘制水平构造线相似。

④ 角度。绘制与 X 轴正方向成指定角度的构造线。执行该选项，则命令行提示：

输入构造线的角度(0)或[参照(R)]：

• 输入构造线的角度(0)。输入角度值后，提示：

指定通过点：

指定后，便绘制出一条通过指定点且与 X 轴正方向成输入角度的构造线。命令行继续提示：

指定通过点：

如果在该提示下继续指定点，可继续绘制出通过指定点且与 X 轴正方向成输入角度的构造线。若按回车或空格键，则结束命令。

• 参照(R)。绘制与指定参考直线成一定角度的构造线。执行该选项，则命令行提示：

选择直线对象：　　　　　　　(选取参考直线)

输入构造线的角度<0>：　　　　(输入与参考直线的夹角)

指定通过点：

此时，绘制出通过该点且与参考直线呈输入角度的构造线，命令行继续提示：

指定通过点：

如果继续指定新的通过点，便可绘制出多条平行构造线，若按回车或空格键，则结束命令。

⑤ 二等分。绘制的构造线是角的平分线。若执行该选项，则命令行提示：

指定角的顶点：　　　(用鼠标指定角的顶点)

指定角的起点：　　　(指定角一条边上的点)

指定角的端点：　　　(指定角另一条边上的点)

指定后便绘制出过顶点并且平分由指定点所确定的角的构造线。

⑥ 偏移。绘制与指定线平行的构造线。执行该选项，则命令行提示：

　　　指定偏移距离或[通过(T)] <默认值>：

- 指定偏移距离。输入平行线之间距离的数值；回车，则命令行提示：

　　　选择直线对象：　　　(选取一条直线)

　　　指定向哪侧偏移：

指定要绘制的平行构造线在所选线的哪一侧。用鼠标在所选线的某一侧任意指定一点，便绘制出与所选直线平行且相距为输入值的构造线，此时命令行继续提示：

　　　选择直线对象：

在此提示下，若继续选取直线，则可绘制更多的构造线；若按回车或空格键，则结束命令。

- 通过(T)。绘制与选取的直线平行且通过指定点的构造线。执行该选项，则命令行提示：

　　　选择直线对象：　　　(选取一条直线)

　　　指定通过点：

此时，AutoCAD 2020 绘出通过指定点且与选取直线平行的构造线，命令行继续提示：

　　　选择直线对象：

在此提示下，若继续选取直线，则可绘制更多的构造线；若按回车或空格键，则结束命令。

【示例 2-2】　如图 2-8 所示，作∠ABC 的平分线。操作如下：

　　　命令：XLINE↙

　　　指定点或[水平(H)/垂直(V)/角度(A)/二等分(B)/偏移(O)]：B↙

　　　指定角的顶点：　　　(指定 B 点)

　　　指定角的起点：　　　(指定 A 点)

　　　指定角的端点：　　　(指定 C 点)

　　　指定角的端点：↙

图 2-8　绘制∠ABC 的平分线

2.2.4　圆

绘制圆的命令是"CIRCLE"，利用该命令可在指定位置绘制圆。AutoCAD 2020 提供了多种绘制圆的方法，下面分别进行介绍。

1. 根据圆心和半径绘制圆

(1) 命令输入。

根据圆心和半径绘制圆的几种操作方式如下：

工具栏：单击"圆"按钮⊙。

命令行：CIRCLE✓(可简写为"C✓")。

下拉菜单："绘图"→"圆"→"圆心、半径"。

(2) 操作说明。

命令：CIRCLE✓

指定圆的圆心或[三点(3P)/两点(2P)/相切、相切、半径(T)]： (指定圆心)

指定圆的半径或[直径(D)]：(输入半径数值)✓

2. 根据圆心和直径绘制圆

(1) 命令输入。

根据圆心和直径绘制圆的几种操作方式如下：

工具栏：单击"圆"按钮⊙。

命令行：CIRCLE✓。

下拉菜单："绘图"→"圆"→"圆心、直径"。

(2) 操作说明。

命令：CIRCLE✓

指定圆的圆心或[三点(3P)/两点(2P)/相切、相切、半径(T)]： (指定圆心)

指定圆的半径或[直径(D)]：D✓

指定圆的直径：(输入直径数值)✓

3. 根据直径的两端点绘制圆

(1) 命令输入。

根据直径的两端点绘制圆的几种操作方式如下：

工具栏：单击"圆"按钮⊙。

命令行：CIRCLE✓。

下拉菜单："绘图"→"圆"→"两点"。

(2) 操作说明。

命令：CIRCLE✓

指定圆的圆心或[三点(3P)/两点(2P)/相切、相切、半径(T)]：2P✓

指定圆直径的第一个端点： (指定直径的一个端点)

指定圆直径的第二个端点： (指定直径的另一个端点)

AutoCAD 便绘制出以这两端点距离为直径的圆。

4. 根据指定的三点绘制圆

(1) 命令输入。

根据指定的三点绘制圆的几种操作方式如下：

工具栏：单击"圆"按钮 ⊙ 。

命令行：CIRCLE✓。

下拉菜单："绘图"→"圆"→"三点"。

(2) 操作说明。

　命令：CIRCLE✓

　指定圆的圆心或[三点(3P)/两点(2P)/相切、相切、半径(T)]：3P✓

　指定圆上的第一点：　　　　　　(用鼠标点击或键盘输入)

　指定圆上的第二点：　　　　　　(用鼠标点击或键盘输入)

　指定圆上的第三点：　　　　　　(用鼠标点击或键盘输入)

AutoCAD 2020 便绘制出通过这三点的圆。

5. 根据半径和两相切对象绘制圆

(1) 命令输入。

根据半径和两相切对象绘制圆的几种操作方式如下：

工具栏：单击"圆"按钮 ⊙ 。

命令行：CIRCLE✓。

下拉菜单："绘图"→"圆"→"相切、相切、半径"。

(2) 操作说明。

　命令：CIRCLE✓

　指定圆的圆心或[三点(3P)/两点(2P)/相切、相切、半径(T)]：T✓

　指定对象与圆的第一个切点：　(选择一个相切对象)

　指定对象与圆的第二个切点：　(选择另一个相切对象)

　指定圆的半径<默认值>：　　　(输入圆的半径值)✓

AutoCAD 2020 便绘制出以输入的半径值为半径且与选择的两个对象相切的圆。

6. 根据三个相切对象绘制圆

(1) 命令输入。

根据三个相切对象绘制圆的几种操作方式如下：

工具栏：单击"圆"按钮 ⊙ 。

命令行：CIRCLE✓。

下拉菜单："绘图"→"圆"→"相切、相切、相切"。

(2) 操作说明。

　命令：CIRCLE✓

　指定圆的圆心或[三点(3P)/两点(2P)/相切、相切、半径(T)]：_3P✓

　指定圆上的第一点：_TAN 到(用鼠标点击要相切第一个对象)

　指定圆上的第二点：_TAN 到(用鼠标点击要相切第二个对象)

　指定圆上的第三点：_TAN 到(用鼠标点击要相切第三个对象)

AutoCAD 2020 便绘制出与选择的三个对象都相切的圆。

【示例 2-3】　如图 2-9 所示，绘制半径为 15，且与直线 AB、AC 都相切的圆。操作如下：

命令：CIRCLE↙

指定圆的圆心或[三点(3P)/两点(2P)/相切、相切、半径(T)]：T↙

指定对象与圆的第一个切点：(选取直线 AC 上任意一点)

指定对象与圆的第二个切点：(选取直线 AB 上任意一点)

指定圆的半径<默认值>：15↙

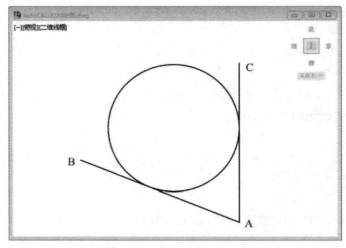

图 2-9　以 TTR 方式绘制圆

2.2.5　圆环

绘制圆环的命令是"DONUT"，在 AutoCAD 中给出圆环的内外径，可在指定位置绘制出圆环。

(1) 命令输入。

绘制圆环的几种操作方式如下：

命令行：DONUT↙。

下拉菜单："绘图"→"圆环"。

(2) 操作说明。

命令：DONUT↙

指定圆环的内径<默认值>：(输入圆环内径)↙

指定圆环的外径<默认值>：(输入圆环外径)↙

指定圆环的中心点<退出>：(指定圆环的中心点)

AutoCAD 2020 在指定的中心，以给定的内、外径绘制出圆环。并在命令行继续提示：

指定圆环的中心点<退出>：

若继续指定中心点，可得到另一个大小相同的圆环；若按回车键，则结束命令。

【示例 2-4】　绘制如图 2-10 所示，内径为 30，外径为 40 的圆环，操作如下：

命令：DONUT↙

指定圆环的内径<默认值>：30↙

指定圆环的外径<默认值>：40↙

指定圆环的中心点<退出>：(指定圆环的中心点)

指定圆环的中心点<退出>：↙

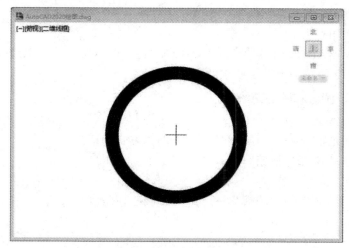

图 2-10　圆环的绘制

2.2.6　圆弧

绘制圆弧的命令是"ARC"，AutoCAD 2020 提供了多种绘制圆弧的方式，下面介绍几种常用的。

1. 根据三点绘制圆弧

(1) 命令输入。

根据三点绘制圆弧的几种操作方式如下：

工具栏：单击"圆弧"按钮　。

命令行：ARC↙(可简写为"A↙")。

下拉菜单："绘图"→"圆弧"→"三点"。

(2) 操作说明。

命令：ARC↙

指定圆弧的起点或[圆心(C)]:　　　　　　　　(指定圆弧的起点)

指定圆弧的第二点或[圆心(C)/端点(E)]:　　　(指定圆弧上起点和终点之间的任一点)

指定圆弧的端点:　　　　　　　　　　　　　　(指定圆弧的终点)

AutoCAD 2020 便绘制出由指定的三点确定的圆弧。

2. 根据起点、圆心和终点绘制圆弧

(1) 命令输入。

根据起点、圆心和终点绘制圆弧的几种操作方式如下：

工具栏：单击"圆弧"按钮　。

命令行：ARC↙。

下拉菜单："绘图"→"圆弧"→"起点、圆心、端点"。

(2) 操作说明。

命令：ARC↙
　　指定圆弧的起点或[圆心(C)]：　　　　　　　　　　　　(指定圆弧的起点)
　　指定圆弧的第二点或[圆心(C)/端点(E)]：C↙　　　　　(选择圆心选项)
　　指定圆弧的圆心：
　　指定圆弧的端点(按住 Ctrl 键以切换方向)或[角度(A)/弦长(L)]：　　　(指定圆弧的终点)

AutoCAD 2020 便绘制出满足要求的圆弧。

3. 根据起点、圆心和圆心角绘制圆弧

(1) 命令输入。

根据起点、圆心和圆心角绘制圆弧的几种操作方式如下：

工具栏：单击"圆弧"按钮。

命令行：ARC↙。

下拉菜单："绘图"→"圆弧"→"起点、圆心、角度"。

(2) 操作说明。

　　命令：ARC↙
　　指定圆弧的起点或[圆心(C)]：　　　　　　　　　　　　(指定圆弧的起点)
　　指定圆弧的第二点或[圆心(C)/端点(E)]：C↙　　　　　(选择圆心选项)
　　指定圆弧的圆心：
　　指定圆弧的端点(按住 Ctrl 键以切换方向)或[角度(A)/弦长(L)]：A↙　　(选择角度选项)
　　指定夹角(按住 Ctrl 键以切换方向)：(输入圆弧的圆心角度值)↙

如果输入的角度值为正值，AutoCAD 2020 从起点开始逆时针方向绘制出圆弧，如果输入的角度值为负值，则沿顺时针方向绘制出圆弧。

4. 根据起点、终点和半径绘制圆弧

(1) 命令输入。

根据起点、终点和半径绘制圆弧的几种操作方式如下：

工具栏：单击"圆弧"按钮。

命令行：ARC↙。

下拉菜单："绘图"→"圆弧"→"起点、端点、半径"。

(2) 操作说明。

　　命令：ARC↙
　　指定圆弧的起点或[圆心(C)]：　　　　　　　　　　　　(指定圆弧的起点)
　　指定圆弧的第二点或[圆心(C)/端点(E)]：E↙　　　　　(选择端点选项)
　　指定圆弧的端点：
　　指定圆弧的中心点(按住 Ctrl 键以切换方向)或[角度(A)/方向(D)/半径(R)]：R↙
　　指定圆弧半径(按住 Ctrl 键以切换方向)：(输入圆弧的半径值)↙

【示例 2-5】　如图 2-11 所示，根据起点、终点和圆心角(150°)绘制圆弧，操作如下：

　　命令：ARC↙
　　指定圆弧的起点或[圆心(C)]：(指定 A 点)
　　指定圆弧的第二点或[圆心(C)/端点(E)]：E↙　　(选择端点选项)

指定圆弧的端点：

指定圆弧的中心点(按住 Ctrl 键以切换方向)或 [角度(A)/方向(D)/半径(R)]：A↙　　(选择角度选项)

指定夹角(按住 Ctrl 键以切换方向)：150↙

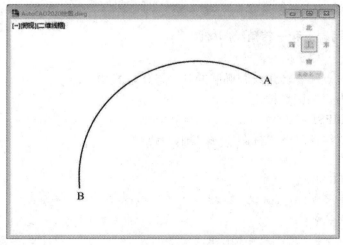

图 2-11　圆弧的绘制

2.2.7　椭圆

绘制椭圆的命令是"ELLIPSE"，下面介绍三种常用的绘制椭圆的方法。

1. 根据轴的两端点和另一轴的半长绘制椭圆

(1) 命令输入。

根据轴的两端点和另一轴的半长绘制椭圆的几种操作方式如下：

工具栏：单击"椭圆"按钮 。

命令行：ELLIPSE↙。

下拉菜单："绘图"→"椭圆"→"轴、端点"。

(2) 操作说明。

命令：ELLIPSE↙

指定椭圆的轴端点或[圆弧(A)/中心点(C)]：　　　(指定椭圆轴的一端点)

指定轴的另一端点：　　　　　　　　　　　　　(指定该轴上的另一端点)

指定另一条半轴长度或[旋转(R)]：　　　　　　　(指定另一轴的半长)

2. 根据中心点、轴的一端点和另一轴的半长绘制椭圆

(1) 命令输入。

根据中心点、轴的一端点和另一轴的半长绘制椭圆的几种操作方式如下：

工具栏：单击"椭圆"按钮 。

命令行：ELLIPSE↙。

下拉菜单："绘图"→"椭圆"→"圆心"。

(2) 操作说明。

命令：ELLIPSE↙

指定椭圆的轴端点或[圆弧(A)/中心点(C)]：C↙

指定椭圆的中心：

指定轴的端点：

指定另一条半轴长度或[旋转(R)]：(指定另一轴的半长)

3. 根据轴的两端点和一转角绘制椭圆

(1) 命令输入。

根据轴的两端点和一转角绘制椭圆的几种操作方式如下：

工具栏：单击"椭圆"按钮 。

命令行：ELLIPSE↙。

下拉菜单："绘图"→"椭圆"→"轴、端点"。

(2) 操作说明。

命令：ELLIPSE↙

指定椭圆的轴端点或[圆弧(A)/中心点(C)]：   (指定椭圆轴的一端点)

指定轴的另一端点：   (指定该轴上的另一端点)

指定另一条半轴长度或[旋转(R)]：R↙

指定绕长轴旋转的角度：   (输入旋转角度值)

【示例 2-6】 如图 2-12 所示，绘制绕长轴旋转 50° 的椭圆。操作如下：

命令：ELLIPSE↙

指定椭圆的轴端点或[圆弧(A)/中心点(C)]：   (指定 C 点)

指定轴的另一端点：   (指定 D 点)

指定另一条半轴长度或[旋转(R)]：R↙

指定绕长轴旋转的角度：50↙

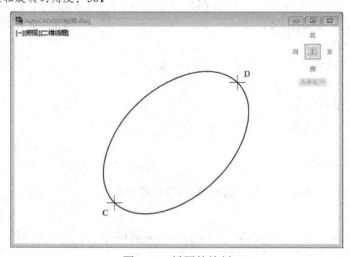

图 2-12　椭圆的绘制

2.2.8　矩形

绘制矩形的命令是"RECTANG"。

1. 根据角点绘制矩形

(1) 命令输入。

绘制矩形的几种操作方式如下：

工具栏：单击"矩形"按钮 。

命令行：RECTANG↙。

下拉菜单："绘图"→"矩形"。

(2) 操作说明。

　　命令：RECTANG↙

　　指定第一个角点或[倒角(C)/标高(E)/圆角(F)/厚度(T)/宽度(W)]：(指定矩形的角点 1)

　　指定另一个角点或[面积(A)/尺寸(D)/旋转(R)]：(指定矩形的另一个角点 2)

AutoCAD 2020 便绘出以指定点为对角顶点的矩形，如图 2-13(a)所示。以上提示含有多个选项，分别说明如下：

① "倒角(C)"用于指定倒角距离，绘制带倒角的矩形，如图 2-13(b)所示。

② "标高(E)"用于指定矩形标高(Z 坐标)，即把矩形画在标高为 Z，和 XOY 坐标面平行的平面上。

③ "圆角(F)"用于指定圆角半径，绘制带圆角的矩形，如图 2-13(c)所示。

④ "厚度(T)"用于指定矩形的厚度。

⑤ "宽度(W)"用于指定线宽，如图 2-13(d)所示。

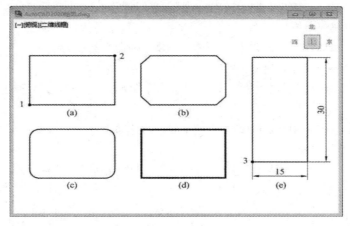

图 2-13　矩形的绘制

2. 根据面积、尺寸和旋转数据绘制矩形

(1) 命令输入。

工具栏：单击"矩形"按钮 。

命令行：RECTANG↙。

下拉菜单："绘图"→"矩形"。

(2) 操作说明。

　　命令：RECTANG↙

　　指定第一个角点或[倒角(C)/标高(E)/圆角(F)/厚度(T)/宽度(W)]：(指定矩形的角点)

命令行提示：

指定另一个角点或[面积(A)/尺寸(D)/旋转(R)]：

以上提示含有多个选项，分别说明如下：

① 面积(A)。输入"A"，按回车键，则命令行提示：

输入以当前单位计算的矩形面积<100.0000>：

括号内的数字 100.0000 是默认的矩形面积，如果按回车键，则使用这个面积值。也可以输入另外的矩形面积数字，按回车键，则命令行提示：

计算矩形标注时依据 [长度(L)/宽度(W)]<长度>：

直接回车，则执行默认的"长度"选项，则命令行提示：

输入矩形长度<10.0000>：

输入矩形的长度值，按回车键，则矩形创建完成。

② 尺寸(D)。输入"D"，按回车键，则命令行提示：

指定矩形的长度<10.0000>：

输入矩形的长度值，按回车键，则命令行提示：

指定矩形的宽度<10.0000>：

输入矩形的宽度值，按回车键，则命令行提示：

指定另一个角点或 [面积(A)/尺寸(D)/旋转(R)]：

绘图区中显示出矩形，点击鼠标，即可完成矩形的创建。

③ 旋转(R)。输入"R"，按回车键，则命令行提示：

指定旋转角度或 [拾取点(P)] <0>：

输入旋转矩形要旋转的角度数字，按回车键，则命令行提示：

指定另一个角点或 [面积(A)/尺寸(D)/旋转(R)]：

在绘图区中任意位置点击鼠标，即可创建一个矩形，该矩形与 X 轴正向夹角为输入的角度。

【示例 2-7】 绘制如图 2-13(e)所示的矩形，操作如下：

命令：RECTANG↙

指定第一个角点或[倒角(C)/标高(E)/圆角(F)/厚度(T)/宽度(W)]：(指定矩形的角点 3)

指定另一个角点或[面积(A)/尺寸(D)/旋转(R)]：@15，30

2.2.9　正多边形

绘制正多边形的命令是"POLYGON"。

(1) 命令输入。

绘制正多边形的几种操作方式如下：

工具栏：单击"多边形"按钮 。

命令行：POLYGON↙。

下拉菜单："绘图"→"多边形"。

(2) 操作说明。

命令：POLYGON↙

输入侧面数<默认值>：(输入边数)↙

指定正多边形的中心点或[边(E)]:

以上提示含有多个选项，分别说明如下：

① 指定正多边形的中心点。执行该选项，则命令行提示：

输入选项[内接于圆(I)/外切于圆(C)]<I>:

- 内接于圆。用内接于圆的方式绘制正多边形。执行该选项，则命令行提示：

指定圆的半径：(输入内接圆半径)↙

此时，AutoCAD 2020 按内接于圆的方式绘出指定边数的正多边形。

- 外切于圆。用外切于圆的方式绘制多边形。执行该选项，则命令行提示：

指定圆的半径：(输入外切于圆的半径)↙

此时，AutoCAD 2020 按外切于圆的方式绘出指定边数的正多边形。

② 边(E)。根据多边形的边数和多边形上一条边的两端点绘制正多边形。执行该选项，命令行提示：

指定边的第一个端点：　　　　　　　　　(指定多边形某条边上的第一个端点)

指定边的第二个端点：　　　　　　　　　(指定第二个端点)

AutoCAD 2020 便以这两个点的连线作为多边形的一条边，并按指定的边数绘制出正多边形。

【示例 2-8】　绘制如图 2-14 所示的正六边形，操作如下：

命令：POLYGON↙

输入边的数目<默认值>：6↙

指定多边形的中心点或[边(E)]：(指定 O 点)↙

输入选项[内接于圆(I)/外切于圆(C)]<I>：C↙　　　　　　(选外切于圆的方式绘制多边形)

指定圆的半径：50↙

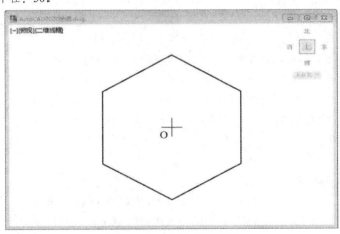

图 2-14　正六边形的绘制

2.2.10　多段线

绘制多段线的命令是"PLINE"。用它可绘制出由等宽或不等宽的直线及圆弧组成的连续的线。

(1) 命令输入。

绘制多段线的几种操作方式如下：

工具栏：单击"多段线"按钮 。

命令行：PLINE✓。

下拉菜单："绘图"→"多段线"。

(2) 操作说明。

命令：PLINE✓

指定起点： 　　　　　　　　(给出多段线的起点)

当前线宽为 0.0000

指定下一点或[圆弧(A)/半宽(H)/长度(L)/放弃(U)/宽度(W)]：

指定下一点或[圆弧(A)/闭合(C)/半宽(H)/长度(L)/放弃(U)/宽度(W)]：

以上提示含有多个选项，分别说明如下：

① 指定下一点。指定下一个端点，AutoCAD 2020 便以当前线宽从起点到该点绘制出一条多段线。

② 圆弧(A)。转换为绘制圆弧的方式，并以最后所绘制的直线的端点作为圆弧的起点，绘制圆弧的操作过程和"ARC"命令相同。

③ 闭合(C)。绘制了两段线后，选择此项，AutoCAD 2020 从当前点到起始点以当前线宽绘制一条直线，形成一个封闭线框，同时结束"PLINE"命令。

④ 半宽(H)。设置多段线的半宽度。

⑤ 长度(L)。设置直线的长度。执行该选项，则命令行提示：

指定直线的长度：

输入直线的长度值，并回车，AutoCAD 2020 便以输入的长度沿着前一条多段线的方向绘出一条直线。

⑥ 放弃(U)。取消最后一次绘制在多段线上的直线或圆弧。

⑦ 宽度(W)。设置多段线的宽度。执行该选项，则命令行提示：

指定起点宽度<0.0000>：(输入起点的宽度)

指定端点宽度<0.0000>：(输入末端点的宽度)

【示例 2-9】 绘制如图 2-15 所示的多段线，操作如下：

命令：PLINE✓

指定起点：(拾取 A 点)

当前线宽为 0.0000

指定下一点或[圆弧(A)/半宽(H)/长度(L)/放弃(U)/宽度(W)]：(拾取 B 点)

指定下一点或[圆弧(A)/闭合(C)/半宽(H)/长度(L)/放弃(U)/宽度(W)]：W✓

指定起点宽度<0.0000>：✓

指定端点宽度<0.0000>：2✓

指定下一点或[圆弧(A)/闭合(C)/半宽(H)/长度(L)/放弃(U)/宽度(W)]：A✓

指定圆弧的端点(按住 Ctrl 键以切换方向)或

[角度(A)/圆心(CE)/闭合(CL)/方向(D)/半宽(H)/直线(L)/半径(R)/第二个点(S)/放弃(U)/宽度(W)]：

(拾取 C 点)

指定圆弧的端点(按住 Ctrl 键以切换方向)或[角度(A)/圆心(CE)/闭合(CL)/方向(D)/半宽(H)/直线(L)/半径(R)/第二个点(S)/放弃(U)/宽度(W)]: L↙

指定下一点或[圆弧(A)/闭合(C)/半宽(H)/长度(L)/放弃(U)/宽度(W)]: (拾取 D 点)

指定下一点或[圆弧(A)/闭合(C)/半宽(H)/长度(L)/放弃(U)/宽度(W)]: W↙

指定起点宽度<2.0000>: ↙

指定端点宽度<2.0000>: 0↙

指定下一点或 [圆弧(A)/闭合(C)/半宽(H)/长度(L)/放弃(U)/宽度(W)]: C↙

图 2-15　多段线的绘制

2.2.11　样条曲线

绘制样条曲线的命令是"SPLINE"。

(1) 命令输入。

绘制样条曲线的几种操作方式如下:

工具栏: 单击"样条曲线"按钮。

命令行: SPLINE↙。

下拉菜单: "绘图"→"样条曲线"。

(2) 操作说明

命令: SPLINE↙

当前设置: 方式=拟合　节点=弦

指定第一个点或[方式(M)/节点(K)/对象(O)]:

输入下一个点或[起点切向(T)/公差(L)]:

输入下一个点或[端点相切(T)/公差(L)/放弃(U)]:

输入下一个点或[端点相切(T)/公差(L)/放弃(U)/闭合(C)]:

输入下一个点或[端点相切(T)/公差(L)/放弃(U)/闭合(C)]:

以上提示含有多个选项, 分别说明如下:

① 指定下一个点。继续指定样条曲线上的点。

② 起点切向(T)。设置样条曲线起点的切线角。执行该选项, 则命令行提示:

指定起点切向:　　　　　(指定起始点处的切线方向)

③ 公差(L)。设置样条曲线与指定点之间所允许的最大偏移距离值。如果最大偏移距

离值设置为 0，则绘制出的样条曲线都通过各输入点。

④ 闭合(C)。封闭样条曲线。

2.2.12 多线

多线是绘图中常用的一种实体，其由多条相互平行的直线组成，缺省的多线样式为"Standard"。多线式样可以创建和保存。

1. 绘制多线

绘制多线的命令是"MLINE"。

(1) 命令输入。

绘制多线的几种操作方式如下：

命令行：MLINE↙。

下拉菜单："绘图"→"多线"。

(2) 操作说明。

命令：MLINE↙

当前设置：对正=上，比例=20.00，样式=STANDARD

指定起点或[对正(J)/比例(S)/样式(ST)]：

以上提示含有多个选项，分别说明如下：

① 指定起点。指定起点，AutoCAD 2020 将该点作为多线的起点，并在命令行继续提示：

指定下一点：

后续的操作过程和 LINE 命令相似。

② 对正(J)。设置绘多线的对齐方式。选择该项，则命令行提示：

输入对正类型[上(T)/无(Z)/下(B)]<上>：

• 上(T)：从左向右绘多线时，多线最上面的元素与光标对齐；从右向左绘多线时，多线最下面的元素与光标对齐。

• 无(Z)：绘制多线时，多线中间的元素与光标对齐。

• 下(B)：从左向右绘多线时，多线最下面的元素与光标对齐；从右向左绘多线时，多线最上面的元素与光标对齐。

③ 比例。设置多线的比例因子，控制多线的宽度和多线各元素之间的距离。选择该选项，则命令行提示：

输入多线比例<20.00>：(输入比例因子)↙

指定起点或[对正(J)/比例(S)/样式(ST)]：

④ 样式。设置绘多线时所用的线型样式，缺省的样式为"STANDARD"。选择该项，则命令行提示：

输入多线样式名或[?]：

如果输入已有的多线样式名，则 AutoCAD 2020 以该样式绘制多线；如果输入"？"，则列表显示已有的多线样式。

2. 设置多线样式

设置多线样式可控制多线中元素的数量及其特性。设置多线样式的方法是选择"格式"菜单中的"多线样式"命令项，在弹出如图 2-16 所示的对话框中进行设置。

图 2-16　"多线样式"对话框

　　在"多线样式"对话框中可以命名新的多线样式并指定要用于创建新多线样式的多线样式。

　　在"多线样式"对话框中点击"修改"按钮，打开如图 2-17 所示的"修改多线样式"对话框。在该对话框中进行多线样式的修改，完成之后，点击"确定"按钮。

图 2-17　"修改多线样式"对话框

　　在"多线样式"对话框中点击"保存"按钮，将对多线样式所做的修改保存到 .MLN 文件中，最后点击"确定"按钮。

　　"修改多线样式"对话框中各选项的含义如下：

　　① 说明(P)文本框：为多线样式添加说明。最多可以输入 255 个字符(包括空格)。

　　② 封口选项组：控制多线起点和端点封口。

　　直线复选框：勾选该项的起点和端点时，多线的端点会用直线封口。

外弧复选框：勾选该项的起点和端点时，多线的端点会用圆弧封口。

内弧复选框：多线端口显示成对的内部元素之间的圆弧。

角度复选框：指定端点封口的角度，默认情况下为 90 度。

③ 填充选项组：控制多线的背景填充。

填充颜色：设置多线的背景填充色。点击"填充颜色"右侧的下拉按钮，将显示选择颜色对话框。

④ 显示连接复选框：控制每条多线线段顶点处显示连接或不显示连接。

⑤ 图元(E)选项组：设置新的和现有的多线元素的元素特性，例如偏移、颜色和线型。

偏移、颜色和线型显示框：显示当前多线样式中的所有元素。样式中的每个元素由其相对于多线的中心、颜色及其线型定义。元素始终按它们的偏移值降序显示。点击"添加"按钮，可将新元素添加到多线样式。只有为除 STANDARD 以外的多线样式选择了颜色或线型后，此选项才可用。点击"删除"按钮，从多线样式中删除元素。

偏移文本框：为多线样式中的每个元素指定偏移值。

颜色选项框：在列表中点击一个图元，会显示这个图元的颜色。若点击"颜色"右侧的下拉按钮，在下拉列表中可以重新设置颜色。

线型选项框：显示并设置多线样式中元素的线型。点击"线型"按钮，将显示选择线型对话框，该对话框列出了已加载的线型。要加载新线型，点击"加载"按钮，将显示加载或重载线型对话框。

【示例 2-10】 绘制如图 2-18 所示的多线图形，操作如下：

(1) 设置多线样式。

在"多线样式"对话框中点击"新建"按钮，在弹出的"创建新的多线样式"对话框中的"新样式名"中输入新样式名称"K"，然后单击"继续"按钮；则弹出"新建多线样式"对话框，点击"添加"按钮；将所添加元素的线型变为中心线，偏移量设为 0；将上下两个图形元素的偏移量分别设为 1 和−1，如图 2-19 所示。最后单击"确定"按钮。

图 2-18　多线图形

图 2-19 "新建多线样式"对话框

(2) 绘制多线。

命令：MLINE✓

当前设置：对正 = 上，比例 = 20.00，样式 = STANDARD

指定起点或[对正(J)/比例(S)/样式(ST)]：ST✓

输入多线样式名或[?]：K✓

当前设置：对正 = 上，比例 = 20.00，样式 = K

指定起点或 [对正(J)/比例(S)/样式(ST)]：S✓

输入多线比例 <20.00>：2✓

当前设置：对正 = 上，比例 = 2.00，样式 = K

指定起点或 [对正(J)/比例(S)/样式(ST)]：J✓

输入对正类型 [上(T)/无(Z)/下(B)] <上>：Z✓

当前设置：对正 = 无，比例 = 2.00，样式 = K

指定起点或[对正(J)/比例(S)/样式(ST)]：(指定 A 点)

指定下一点：(指定 B 点)

指定下一点或[放弃(U)]：(指定 C 点)

指定下一点或[闭合(C)/放弃(U)]：(指定 D 点)

指定下一点或[闭合(C)/放弃(U)]：(指定 E 点)

指定下一点或[闭合(C)/放弃(U)]：✓

2.3 对象捕捉

用 AutoCAD 2020 绘图时，经常要找到某些特殊点，如圆心、切点、线的端点、中点和交点等。这仅靠视觉是很难做到的，为解决该问题，AutoCAD 2020 提供了对象捕捉功能，利用该功能，可迅速、准确地捕捉到这些特殊点，从而能够迅速、准确地绘制出图形。

2.3.1　设置对象捕捉模式

(1) 命令输入。

设置对象捕捉模式的几种操作方式如下：

命令行：OSNAP✓。

下拉菜单："工具"→"绘图设置"。

(2) 操作说明。

命令：OSNAP✓

打开"草图设置"对话框中的"对象捕捉"选项卡，如图 2-20 所示。

图 2-20　"草图设置"对话框中的"对象捕捉"选项卡

　　在"对象捕捉模式"选项组中，规定了对象上 14 种特征点的捕捉，并且在每种特征点前都规定了相应的捕捉显示标记，例如中点用小三角表示，圆心用小圆圈表示。选中捕捉模式后，在绘图屏幕上，只要把靶区移至对象特征点附近，单击鼠标左键，即可捕捉到对象上的特征点。各捕捉模式的含义如下：

① 端点：用于捕捉直线或圆弧的端点，捕捉时靶区移至直线或圆弧的端点附近。

② 中点：用于捕捉直线或圆弧的中点，捕捉时靶区移至直线或圆弧上。

③ 圆心：用于捕捉圆弧、圆、椭圆弧或椭圆的圆心。

④ 几何中心：捕捉多段线、二维多段线和二维样条曲线的几何中点。

⑤ 节点：用于捕捉靶区内的孤立点。

⑥ 象限点：用于捕捉圆周上最左、最右、最上、最下的四个点。捕捉时靶区移至圆周上，可捕捉到最近的一个象限点。

⑦ 交点：用于捕捉两线段的交点和延伸交点。

⑧ 延伸：用于当靶区在一个图形对象的端点处移动时，AutoCAD 2020 显示该对象的延长线，并捕捉正在绘制的图形与该延长线的交点。

⑨ 插入点：用于捕捉图块、图像和文本等的插入点。

⑩ 垂足：当向一对象画垂线时，把靶区放在对象上，可捕捉到对象上的垂足点。

⑪ 切点：当向一对象画切线时，把靶区放在对象上，可捕捉到对象上的切点。

⑫ 最近点：把靶区放在对象附近拾取，捕捉到对象上离靶区中心最近的点。

⑬ 外观交点：当两对象在空间交叉，而在一个平面上的投影相交时，可从投影交点捕捉到某一对象上的点；或者捕捉两投影延伸相交时的交点。

⑭ 平行：捕捉图形对象的平行线。

(3) 注意事项。

① 选择了捕捉类型后，这些捕捉设置长期有效，作图时会出现靶框要求捕捉。若要修改，须再次启动"草图设置"对话框。

② AutoCAD 2020 为了操作方便，在状态栏中设置有对象捕捉开关，对象捕捉功能可通过状态栏中的"对象捕捉"按钮来控制。

2.3.2　临时捕捉方式

利用对象捕捉光标菜单和工具栏可实现点的临时捕捉，此方式只对当前点有效，对下一个点的输入就无效了。

(1) "对象捕捉"光标菜单。

同时按下"Shift"键和鼠标右键，在屏幕上当前光标处就会出现"对象捕捉"光标菜单，如图 2-21 所示。

(2) "对象捕捉"工具栏。

将光标移到绘图界面任一工具栏上，单击鼠标右键，在弹出的工具栏菜单中点击"对象捕捉"，则"对象捕捉"工具栏就会显示在屏幕上，如图 2-22 所示。该工具栏在内容上和"对象捕捉"光标菜单类似。

图 2-21　对象捕捉光标菜单

图 2-22　"对象捕捉"工具栏

当鼠标指针移至"对象捕捉"工具栏中的按钮时,会显示该按钮的名称。"对象捕捉"工具栏中各按钮的功能如下:

① 临时追踪点:属于对象捕捉追踪按钮,必须在对象捕捉按钮启用时使用。点击该按钮后,捕捉并点击一个点,移动指针,捕捉点上会显示出水平或垂直的虚线,此时可捕捉虚线上的任意点。

② 捕捉自:属于对象捕捉追踪按钮,必须在对象捕捉按钮启用时使用,用于创建临时参照点的偏移点。点击该按钮,捕捉并点击一个点作为基点,然后输入这个基点的偏移位置相对坐标值,或直接输入距离值,即可在该位置创建一个点。捕捉自按钮用于确定与已知点偏移一定距离的点。

③ 捕捉到端点:用于捕捉圆弧、椭圆弧、直线、多线、多段线线段、样条曲线、面域或射线最近的端点,或实体、三维面域的最近角点。

④ 捕捉到中点:用于捕捉圆弧、椭圆、椭圆弧、直线、多线、多段线线段、面域、实体、样条曲线或参照线的中点。

⑤ 捕捉到交点:用于捕捉圆弧、圆、椭圆、椭圆弧、直线、多线、多段线、射线、面域、样条曲线或参照线的交点。

⑥ 捕捉到外观交点:用于捕捉不在同一平面但是在当前视图中可能看起来相交的两个对象的外观交点。

⑦ 捕捉到延长线:当光标经过对象的端点时,显示临时延长线或圆弧,以便用户在延长线或圆弧上指定点。

⑧ 捕捉到圆心:用于捕捉圆弧、圆、椭圆或椭圆弧的圆心。

⑨ 捕捉到象限点:用于捕捉圆弧、圆、椭圆或椭圆弧的象限点。

⑩ 捕捉到切点:用于捕捉圆弧、圆、椭圆、椭圆弧或样条曲线的切点。

⑪ 捕捉到垂足:用于捕捉圆弧、圆、椭圆、椭圆弧、直线、多线、多段线、射线、面域、实体、样条曲线或参照线的垂足。当正在绘制的对象需要捕捉多个垂足时,将自动打开"递延垂足"捕捉模式。可以用直线、圆弧、圆、多段线、射线、参照线、多线或三维实体的边作为绘制垂直线的基础对象。可以用"递延垂足"在这些对象之间绘制垂直线。

⑫ 捕捉到平行线:将直线段、多段线线段、射线或构造线限制为与其他线性对象平行。指定线性对象的第一点后,请指定平行对象捕捉。与在其他对象捕捉模式中不同,用户可以将光标和悬停移至其他线性对象,直到获得角度。然后,将光标移回正在创建的对象。如果对象的路径与上一个线性对象平行,则会显示对齐路径,用户可将其用于创建平行对象。

⑬ 捕捉到节点:用于捕捉点对象、标注定义点或标注文字起点。

⑭ 捕捉到插入点:用于捕捉属性、块、形或文字的插入点。

⑮ 捕捉到最近点:用于捕捉圆弧、圆、椭圆、椭圆弧、直线、多线、点、多段线、射线、样条曲线或参照线的最近点。

⑯ 无捕捉:点击该按钮,不启用对象捕捉功能。

⑰ 对象捕捉设置:点击该按钮,打开"草图设置"对话框。

2.3.3 对象追踪

启用对象捕捉时只能捕捉对象上的点。AutoCAD 2020 还提供了对象追踪捕捉工具,可捕捉对象以外空间的点，可以沿指定方向(称为对齐路径)按指定角度或与其他对象的指定关系捕捉一个点。捕捉工具栏中的临时追踪点按钮和捕捉自按钮是对象追踪的按钮。当点击其中一个时，只应用于对水平线或垂足线进行捕捉。

使用时点击状态栏中的"对象捕捉"和"极轴追踪"按钮，以启用这两项功能。执行一个绘图命令，例如点击直线按钮，将十字光标移动到一个对象捕捉点处作为临时获取点，当移动十字光标时，将显示相对于获取点的水平、垂直或极轴对齐的路径虚线。

2.3.4　启用栅格和捕捉

栅格是点的矩阵，遍布于整个图形界线内，是一种标定位置的小点，可以作为参考图标。使用栅格类似于在图形下放置一张坐标纸。利用栅格可以对齐对象并直观显示对象之间的距离。如果放大或缩小图形，可能需要调整栅格间距，使其更适合新的比例。

捕捉模式用于限制十字光标移动的距离，使其按照用户定义的间距移动。当捕捉模式启用时，光标可以附着或捕捉到不可见的栅格。捕捉模式可以精确地定位点。

AutoCAD 中显示栅格和启用捕捉的方法有以下三种。

(1) 在 AutoCAD 2020 界面的底部状态栏中，点击"显示图形栅格"按钮和"捕捉模式"按钮。

(2) 按键盘中的快捷键 F7，可以显示或隐藏栅格。按 F9，可以启用或关闭捕捉栅格。

(3) 选择菜单命令"工具→绘图设置"，在打开的草图设置对话框中，在捕捉和栅格选项卡上，选择"启用栅格"和"启用捕捉"，如图 2-23 所示。在对话框中可设置栅格点的间距和捕捉间距。

图 2-23　"草图设置"对话框"捕捉和栅格"选项卡

当栅格和捕捉功能都启用时，移动十字光标，十字光标会自动捕捉并移至最近距离的栅格点上，每个栅格点都像有磁性一样，将十字光标吸附在栅格点上。此时就可以从该点位置绘制图形了。

2.3.5　自动捕捉

自动捕捉是当用户把光标放在一个对象上时，系统自动捕捉该对象上所有的符合条件的几何特征点，并显示相应的标记或显示该捕捉的提示，用户在选择之前，可以预览和确认捕捉点。自动捕捉功能的设置是使用"工具"下拉菜单中"选项"对话框的"绘图"选项卡，如图 2-24 所示。

图 2-24　"选项"对话框"绘图"选项卡

自动捕捉设置是在"绘图"选项卡中的"自动捕捉设置"选项组中进行的，其中各项说明如下：

① 标记(M)：表示对象捕捉的类型和指示捕捉点的位置。如选中该复选框，当鼠标经过某对象时，该对象上符合条件的捕捉点就会出现相应的标记。

② 磁吸(G)：如选中该复选框，AutoCAD 2020 将鼠标靶框锁定在捕捉点上，鼠标靶框只能在捕捉点间跳动。

③ 显示自动捕捉工具栏提示(T)：捕捉提示是系统自动捕捉到捕捉点后，显示出该捕捉点的文字说明。

④ 显示自动捕捉靶框(D)：用来打开或关闭鼠标靶框。如选中该复选框，则在光标的中心显示靶框。

⑤ 自动捕捉标记大小(S)：控制捕捉标记的大小，拖动滑块可以任意增大或减小标记。

⑥ 颜色按钮：改变标记的颜色。点击"颜色(C)"按钮，在弹出的对话框中选择一种颜色。

2.4　修改背景颜色

绘图窗口中模型选项卡默认背景颜色是黑色，而布局选项卡中背景是白色，用户可根据需要将其设置为任意一种颜色，下面介绍具体操作方法。

(1) 选择菜单命令"工具"→"选项"，在打开的选项对话框中，点击"显示"选项卡，在其下面的"窗口元素"窗格中点击"颜色(C)"按钮，如图 2-25 所示。

图 2-25　"选项"对话框"显示"选项卡

(2) 此时打开"图形窗口颜色"对话框，点击"颜色(C)"项目下的按钮 ▼，在下拉列表中选择想要的颜色，此时会看到预览窗口中显示为选择的颜色，如图 2-26 所示。

图 2-26　"图形窗口颜色"对话框

(3) 点击"应用并关闭(A)"按钮，在选项对话框中点击"确定"按钮，完成颜色设置。

思考与练习

1. 单选题

(1) 关于矩形命令，下面说法错误的是_____。

A. 根据矩形的周长可以绘制矩形

B. 绘制的矩形是一个对象

C. 可以绘制有圆角的矩形

(2) 关于正多边形命令，下面说法错误的是_____。

A. 可以绘制等腰直角三角形

B. 可以绘制任意正多边形

C. 可以绘制正方形

(3) 关于多段线命令，下面说法错误的是_____。

A. 可以绘制箭头

B. 可以绘制圆弧

C. 只能绘制直线

(4) 关于点命令，下面说法错误的是_____。

A. 不可以对对象进行定距等分

B. 一次执行，仅可绘制一个点

C. 一次执行，可绘制许多点

(5) 使用画圆命令的"相切、相切、相切"方式时，下面说法正确的是_____。

A. 不需要指定圆心和半径

B. 相切的对象必须是直线

C. 不需要指定圆心，但需要输入圆的半径

2. 思考题

(1) AutoCAD 2020 中的坐标表达方式有哪几种？基本绘图命令有哪几个？

(2) 在 AutoCAD 2020 中绘图时，输入点的方式有哪几种？

(3) 思考绘图工具栏中每个图标的含义和用法。

(4) 如何修改绘图区的背景色？

(5) 直线命令和多段线命令绘制的对象有什么不同？

(6) 如何设置点的样式和大小？

第 3 章　图形的编辑工具

 思政目标

通过常用编辑命令的学习，学会用 AutoCAD 编辑工程图样。AutoCAD 绘图的最大优势是图形编辑方便，有利于设计方案的反复推敲完善，易于提高设计质量。设计质量决定着产品质量，在设计中要严格要求，养成产品意识、质量意识和竞争意识。领会"执着专注、精益求精、一丝不苟、追求卓越"的工匠精神。在生活中也要严格要求，精益求精、追求卓越，不断完善提高自身能力，做一名合格的社会主义事业建设者。

图形的编辑是指对已有的图形进行修改、复制、移动和删除等操作，最终得到符合要求的图形。因此，对图形进行编辑加工是在 AutoCAD 2020 绘图过程中必不可少的工作。AutoCAD 2020 提供了丰富的图形编辑工具,使用这些工具不仅可以修改编辑各种各样的图形，还可以节约绘图时间、提高绘图效率。

3.1　选　择　对　象

在进行图形编辑时，必须要选取被编辑的图形对象。每当输入一个图形编辑命令时，AutoCAD 2020 会提示"选择对象:"。

此时从图形中选取将要进行编辑操作的图形对象。这时图形区内的十字光标变成小方框，称之为拾取框，如图 3-1 所示。AutoCAD 2020 提供了多种选择图形对象的方法，下面分别进行介绍。

图 3-1　选择图形对象的拾取框

1. 点选方式

选择图形对象最简单的方法就是将拾取框直接移动到要选择的图形对象上面，然后单击鼠标左键。该对象会变成虚像显示，表示已经被选中；同时命令窗口中提示"找到 1 个"。如图 3-2 所示，上方的小圆变成虚像显示。

图 3-2　点选方式选择对象

对象选择完成后，单击鼠标右键或按回车键，结束对象选择，然后对选择的对象进行编辑操作。

2. 窗选方式

当要选择的图形对象数量较多，且又比较分散时，可使用窗选方式来进行选择。窗选方式有以下九种操作方法。

(1) 默认窗口方式。当出现"选择对象："提示时，如图 3-3 所示，在图形对象以外的位置点击"A"点，AutoCAD 2020 将提示：

选择对象：指定对角点：

图 3-3　矩形窗口选择对象

此时出现一个随鼠标指针移动的矩形窗口。如果矩形窗口是从左向右定义的话，点击"B"点，那么位于窗口内部的图形对象均被选择，而位于窗口外部以及与窗口边界相交的图形对象不会被选中，图 3-3 中图形上方的小圆被选中，其他图线均没有被选中。

如果矩形窗口是从右向左定义的，如图 3-4 所示，先点击"A"点，再点击"B"点，那么窗口内部和与窗口边界相交的图形对象都被选中，图 3-4 中上方的大圆和小圆以及横竖两条点划线均被选中。

图 3-4　矩形窗口选择对象

(2) 指定窗口方式(W)。在"选择对象："提示下，键入"W"并回车，AutoCAD 2020 要求输入矩形窗口的两个对角点：

　　　　指定第一个角点：　　　　　(确定窗口的第一个对角点位置)

　　　　指定对角点：　　　　　(确定窗口的第二个对角点位置)

此时，由这两个对角点所确定的矩形窗口之内的所有对象被选中，而与窗口边界相交的对象不被选中。

(3) 交叉窗口方式(C)。在"选择对象："提示下，键入"C"并回车，AutoCAD 2020 要求输入矩形窗口的两个对角点：

　　　　指定第一个角点：　　　　　(确定窗口的第一个对角点位置)

　　　　指定对角点：　　　　　(确定窗口的第二个对角点位置)

此时，所选对象既包含矩形窗口内的图形对象，也包含与窗口边界相交的所有图形对象。

(4) 最后方式(L)。在"选择对象："提示下，键入"L"并回车，AutoCAD 2020 自动选取最后绘出的那一个图形对象。

(5) 全部方式(ALL)。在"选择对象："提示下，键入"ALL"并回车，AutoCAD 2020 将选取不在已关闭、锁定或已冻结层上的所有图形对象。

(6) 框选方式(BOX)。在"选择对象："提示下，键入"BOX"并回车，AutoCAD 2020 要求输入矩形窗口的两个对角点：

　　　　指定第一个角点：　　　　　(确定窗口的第一个对角点位置)

　　　　指定对角点：　　　　　(确定窗口的第二个对角点位置)

此时，是把指定窗口方式(W)和交叉窗口方式(C)组合成一个单独的选项。从左到右选取窗口的两个角点，则执行指定窗口方式(W)；从右到左选取窗口的两个角点，则执行交叉窗口方式(C)。

(7) 栏选方式(F)。画一个开放的多点栅栏，然后用此栅栏来选取对象。所有与栅栏相接触的对象均会被选中。栏选方式(F)与圈交方式(CP)相似，只是栅栏的最后一个矢量不闭合，并且栅栏可以与自己相交。

(8) 圈围方式(WP)。画一个不规则的封闭多边形，并用它作为窗口来选取对象。所有被完全包围在多边形中的对象将被选中。该多边形可以为任意形状，但不能与自身相交或相切。AutoCAD 2020 自动绘制多边形的最后一条边，所以该多边形在任何时候都是闭合的。

(9) 圈交方式(CP)。画一个不规则的封闭多边形，并用它作为窗口来选取对象。所有在多边形内或者与多边形相交的对象将被选中。该多边形可以为任意形状，但不能与自身相交或相切。AutoCAD 2020 自动绘制多边形的最后一条边，所以该多边形在任何时候都是闭合的。

3.2　编　辑　命　令

AutoCAD 2020 具有强大的图形编辑功能，它提供了丰富的图形编辑命令。绘图的时候交替使用绘图命令和编辑命令，可以用较少的绘图时间，获得更为复杂的图形。使用编辑命令可以在命令行输入相应的命令，也可以点击相应的编辑按钮。编辑按钮主要在以下四个位置：

(1) "修改"工具栏，如图 3-5 所示。

(2) "修改"下拉菜单，如图 3-6 所示。

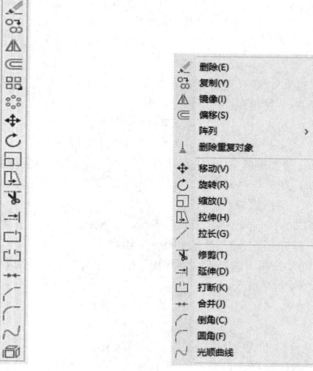

图 3-5　"修改"工具栏　　　图 3-6　"修改"下拉菜单

(3) 标准工具栏中的编辑内容，如图 3-7 所示。

(4) "修改"面板，如图 3-8 所示。

图 3-7　标准工具栏中的编辑内容　　　　　　　图 3-8　"修改"面板

3.2.1　删除命令

在绘制复杂图形的过程中，经常要删除多余的一些图线。删除命令用来删除指定的图形对象。

(1) 命令输入。

删除命令的几种操作方式如下：

功能区：单击"修改"面板中的"删除"按钮 。

工具栏：单击"修改"工具栏中的"删除"按钮 。

命令行：输入 ERASE✓或 E✓。

下拉菜单："修改"→"删除"。

(2) 操作说明。

命令：ERASE✓

选择对象：　　　　　　　　　(选择需要删除的对象)

选择对象：✓　　　　　　　(结束选择)

此时，所选择的对象即被删除。

【示例 3-1】　如图 3-9 所示，选择图形上方的小圆，将它删除，操作如下：

命令：ERASE✓

选择对象：　　　　　　　　　(点选小圆)

选择对象：✓　　　　　　　(结束选择)

图 3-9　小圆删除前

此时，选择的小圆被删除，如图 3-10 所示。

图 3-10　小圆删除后

3.2.2　恢复命令

恢复命令的作用是恢复上一次被"删除(ERASE)命令"删除的对象。

(1) 命令输入。

恢复命令的操作方式如下：

命令行：OOPS✓。

(2) 操作说明。

　　命令：OOPS✓　　　(命令结束)

如图 3-11 所示，使用恢复命令后，刚才被删除的小圆又显示出来。需要注意的是，恢复命令只能恢复最后一个被"删除命令"删除的对象，如果想要后退得更远一些，可以使用 AutoCAD 2020 的"放弃命令"。

图 3-11　删除的小圆被恢复

3.2.3　复制命令

使用复制命令可以在不改变图形大小和方向的前提下，在指定位置重新生成一个或多个与原对象一模一样的图形。

(1) 命令输入。

复制命令的几种操作方式如下：

功能区：单击"修改"面板中的"复制"按钮 。

工具栏：单击"修改"工具栏中的"复制"按钮 。

命令行：COPY 或 CO✓。

下拉菜单："修改"→"复制"。

(2) 操作说明。

　　命令：COPY✓

　　选择对象：　　　　　(选取要复制的对象)

　　选择对象：✓　　　　(回车确认，也可以继续选取对象)

　　指定基点或 [位移(D)/模式(O)]<位移>:

以上提示含有多种选项，分别说明如下：

① 指定基点。由基点向指定点复制。如果在上述提示下直接输入了一点的位置，即执行默认项，AutoCAD 2020 提示：

　　指定第二个点或[阵列(A)] <使用第一个点作为位移>:

在此提示下若再输入一点，则 AutoCAD 2020 将所选取的目标从基点复制到这一点，然后提示：

　　指定第二个点或 [阵列(A)/退出(E)/放弃(U)] <退出>:

在此提示下若再输入一点，则 AutoCAD 2020 将重复以上步骤，进行多重复制，直到回车或单击鼠标右键选择"确认"结束多重复制。

② 位移(D)。由基按位移量复制。如果在上述提示下输入相对于当前点的位移量@x，y，z，则 AutoCAD 2020 将选定的目标按指定的位移量复制。

③ 模式(O)。选择复制模式选项[单个(S)/多个(M)]。如果在上述提示下输入"S"并回车，这时 AutoCAD 2020 提示：

　　指定基点或 [位移(D)/模式(O)/多个(M)]<位移>:

只做单一复制，命令执行完毕后，复制结束。如果在上述提示下输入"M"并回车，这时 AutoCAD 2020 提示：

　　指定基点或 [位移(D)/模式(O)]<位移>:　　　　　　　(选取基点)

　　指定第二个点或[阵列(A)] <使用第一个点作为位移>:　　(输入另一点)

　　指定第二个点或 [阵列(A)退出(E)/放弃(U)] <退出>:　　(再输另一点)

　　指定第二个点或 [阵列(A)退出(E)/放弃(U)] <退出>:　　(再输另一点)

　　指定第二个点或 [阵列(A)退出(E)/放弃(U)] <退出>:✓　(结束复制)

这时，将所选的目标从基点向其他各点做多重复制。

④ 阵列(A)。快速复制对象以呈现出指定项目数的效果。

【示例 3-2】 如图 3-12 所示，根据最上方的一个小圆复制出左、右和下方的三个小圆，操作如下：

> 命令：COPY✓
>
> 选择对象：   (选择小圆)
>
> 选择对象：✓   (结束选择)
>
> 指定基点或 [位移(D)/模式(O)] <位移>：   (点取 A 点)
>
> 指定第二个点或[阵列(A)] <使用第一个点作为位移>：(点取 B 点)
>
> 指定第二个点或 [阵列(A)退出(E)/放弃(U)] <退出>： (点取 C 点)
>
> 指定第二个点或 [阵列(A)退出(E)/放弃(U)] <退出>： (点取 D 点)
>
> 指定第二个点或 [阵列(A)退出(E)/放弃(U)] <退出>：✓(结束复制)

图 3-12 小圆复制前

复制完成后的图形如图 3-13 所示。

图 3-13 小圆复制后

3.2.4 镜像命令

镜像命令用于将指定的图形对象按给定的镜像线做镜像图像(大小相同，方向相反)。在工程实际中，镜像命令常用来绘制对称的图形，如果绘制了对称图形的一半，就可以利用该命令迅速得到另一半图形。

(1) 命令输入。

镜像命令的几种操作方式如下：

功能区：单击"修改"面板中的"镜像"按钮⚠。

工具栏：单击"修改"工具栏中的"镜像"按钮⚠。

命令行：MIRROR 或 MI↙。

下拉菜单："修改"→"镜像"。

(2) 操作说明。

命令：MIRROR↙

选择对象：　　　　　　　　　　　　　　(选取要镜像的对象)

选择对象：↙　　　　　　　　　　　　　(回车确认，也可以继续选取对象)

指定镜像线的第一点：　　　　　　　　　(确定镜像线上的第一点)

指定镜像线的第二点：　　　　　　　　　(确定镜像线上的第二点)

要删除源对象吗？[是(Y)/否(N)]<N>：

若直接回车，将绘出所选图形对象的镜像，并保留原来的对象；若输入"Y"后再回车，则所选图形对象的镜像出现时，原来的图形对象将被删除。

【示例 3-3】　如图 3-14 所示，对称图形绘制了一半，使用镜像命令完成全图，操作如下：

命令：MIRROR↙

选择对象：　　　　　　　　　　　　　　(点取全部图形)

选择对象：↙　　　　　　　　　　　　　(结束选择)

指定镜像线的第一点：　　　　　　　　　(点击镜像线上的 A 点)

指定镜像线的第二点：　　　　　　　　　(点击镜像线上的 B 点)

要删除源对象吗？[是(Y)/否(N)]<N>：↙　(保留源对象，命令结束)

图 3-14　图形对象镜像前

镜像完成后的图形如图 3-15 所示。

图 3-15　图形对象镜像后

对文本进行镜像时，有两种结果：一种是文本完全镜像，这显然不是我们所希望的结果。另一种是文本可读镜像，既文本的外框做镜像，文本在框中的书写格式依然是可读的。这两种状态是由系统变量"MIRRTEXT"来控制的。当系统变量"MIRRTEXT"的值为"1"时，文本做完全镜像，如图 3-16(b)所示。当系统变量"MIRRTEXT"的值为"0"时，文本按可读方式镜像，如图 3-16(a)所示。系统变量"MIRRTEXT"的初始值为"0"，因此要对文字做不可读方式的镜像，必须将该变量设置为"1"。方法如下：

命令：MIRRTEXT↙

输入 MIRRTEXT 的新值 <0>：1↙　　　　(选择输入"1"，文字完全镜像)

图 3-16　文本镜像

3.2.5　偏移命令

偏移命令用于创建与选定对象呈一定距离平行的、形状相同或相似的新对象，常用来绘制平行线或等距离分布的图形。例如，建立同心圆、平行线以及平行曲线等。

使用偏移命令可以进行编辑的对象包括直线、圆弧、圆、多边形、矩形、椭圆、椭圆弧、二维多段线、构造线、射线和样条曲线。对于直线、射线、构造线等偏移复制时，线段的长度保持不变；对于圆、椭圆、椭圆弧等偏移复制时，将同心复制，即偏移前后的对象同心。

(1) 命令输入。

偏移命令的几种操作方式如下：

功能区：单击"修改"面板中的"偏移"按钮。

工具栏：单击"修改"工具栏中的"偏移"按钮。

命令行：输入 OFFSET✓ 或 O✓。

下拉菜单："修改" → "偏移"。

(2) 操作说明。

　　命令：OFFSET✓

　　当前设置：删除源＝否　图层＝源　OFFSETGAPTYPE＝0

　　指定偏移距离或 [通过(T)/删除(E)/图层(L)] <通过>：

以上提示含有四种选项，分别说明如下：

① 指定偏移距离。给出一个从源对象到新对象之间的等距偏移量(可以直接输入数值或点击两点来定义)，然后将显示：

　　选择要偏移的对象，或 [退出(E)/放弃(U)] <退出>：　　　　　(选择要等距偏移的源对象)

　　指定要偏移的那一侧上的点，或 [退出(E)/多个(M)/放弃(U)] <退出>：(选择等距偏移对象放在哪一侧)

在源对象的一侧点击一点来确定新对象的放置位置，则会在源对象的一侧建立等距偏移的新对象。AutoCAD 2020 将重复这两个提示，以便建立多个等距偏移的对象。

② 通过(T)。通过指定点来建立新的对象。输入"T"后回车，将显示：

　　选择要偏移的对象，或 [退出(E)/放弃(U)] <退出>：(选择要等距偏移的对象)

　　指定通过点或 [退出(E)/多个(M)/放弃(U)] <退出>：(点击通过的某一点)

通过这一点来建立等距偏移的对象，AutoCAD 2020 也将重复这两个提示，以便建立多个等距偏移的对象。

③ 删除(E)。新的偏移对象建立后，删除被偏移的源对象。输入"E"后回车，将显示：

　　要在偏移后删除源对象吗？[是(Y)/否(N)] <否>：(是否删除源对象，选择"Y")

　　指定偏移距离或 [通过(T)/删除(E)/图层(L)] <通过>：

后续操作①，最后源对象被删除。

④ 图层(L)。确定将偏移对象创建在当前图层上还是源对象所在的图层上。输入"L"后回车，将显示：

　　输入偏移对象的图层选项 [当前(C)/源(S)] <当前>：(输入选项)

　　指定偏移距离或 [通过(T)/删除(E)/图层(L)] <通过>：(以后的做法同①)

【示例3-4】 偏移命令的使用方法。

(1) 如图 3-17 所示，使用指定距离的方法来做平行线，操作如下：

　　命令：OFFSET✓

当前设置：删除源＝否　图层＝源　OFFSETGAPTYPE＝0

指定偏移距离或 [通过(T)/删除(E)/图层(L)] <通过>：30↙　　　　　　　　(输入偏移距离)

选择要偏移的对象，或 [退出(E)/放弃(U)] <退出>：　　　　　　　(点击源对象正六边形)

指定要偏移的那一侧上的点，或 [退出(E)/多个(M)/放弃(U)] <退出>：(点击正六边形的内侧)

选择要偏移的对象，或 [退出(E)/放弃(U)] <退出>：↙　　　　　　(结束)

图 3-17　指定距离作偏移

(2) 如图 3-18 所示，用指定点的方法来做平行线，操作如下：

命令：OFFSET↙

当前设置：删除源＝否　图层＝源　OFFSETGAPTYPE＝0

指定偏移距离或 [通过(T)/删除(E)/图层(L)] <通过>：T↙(选择通过某一点方式)

选择要偏移的对象，或 [退出(E)/放弃(U)] <退出>：　　(点击 A 处的直线)

指定通过点或 [退出(E)/多个(M)/放弃(U)] <退出>：　　(点击 B 点)

选择要偏移的对象，或 [退出(E)/放弃(U)] <退出>：↙(结束)

图 3-18　指定点作偏移

3.2.6　阵列命令

阵列命令可将某一对象一次复制多个，并使其呈矩形、环形或沿指定路径排列。而且阵列中的新对象与原始对象具有相同的图层、颜色和线型。如果在构造阵列时选择了多个对象，则 AutoCAD 2020 在复制和排列过程中将把这些对象视为一个整体进行处理。阵列操作包括矩形阵列、路径阵列和环形阵列三种。

1. 矩形阵列

(1) 命令输入。

矩形阵列的几种操作方式如下：

功能区：单击"修改"面板中的"阵列"多选按钮▦▾，选择"矩形阵列"按钮▦。

工具栏：长按"修改"工具栏中的"阵列"按钮▦，选择"矩形阵列"按钮▦。

命令行：ARRAYRECT✓。

下拉菜单："修改"→"阵列"→"矩形阵列"。

(2) 操作说明。

命令：ARRAYRECT✓

选择对象：　　　　　　　　　　　　　　　(选取要阵列的对象)

选择对象：✓　　　　　　　　　　　　　　(回车确认，也可以继续选取对象)

类型＝矩形　关联＝是

选择夹点以编辑阵列或[关联(AS)/基点(B)/计数(COU)/间距(S)/列数(COL)/行数(R)/层数(L)/退出(X)] <退出>：

以上提示含有多种选项，分别说明如下：

① 选择夹点以编辑阵列。直接用鼠标点击蓝色夹点做矩形阵列。

② 关联(AS)。阵列关联性可以快速修改整个阵列中的对象，阵列分为关联和非关联两种。

• 关联：阵列的对象类似于块。编辑阵列对象的特性，例如间距或对象数目，而不影响阵列对象之间的关系，编辑源对象可以更改阵列中的所有对象。阵列默认为关联。

• 非关联：阵列中的对象各自独立，更改一个对象不会影响其他对象。在命令行中输入"AS"，程序提示：

创建关联阵列[是(Y)/否(N)] <是>：N✓　　　　　　(选择非关联)

③ 基点(B)。定义阵列基点和基点夹点的位置。

④ 计数(COU)。指定行数和列数，并使用户在移动光标时可以动态观察结果(一种比"行"和"列"选项更快捷的方法)。

⑤ 间距(S)。指定行间距和列间距，并使用户在移动光标时可以动态观察结果。

⑥ 列数(COL)。编辑列数和列间距。

⑦ 行数(R)。指定阵列中的行数，行之间的距离，以及行之间的增量标高。

⑧ 层数(L)。指定三维阵列的层数和层间距。

⑨ 退出(X)。退出矩形阵列命令。

【示例 3-5】 如图 3-19 所示，将一个零件图形做成 2 行 4 列的 8 个相同零件，其中行间距是 40，列间距是 50，操作如下：

　　　　命令：ARRAYRECT↙

　　　　选择对象：　　　　　　　　　　　　　　　　(选取左下角图形)

　　　　选择对象：↙　　　　　　　　　　　　　　　(结束选择对象)

　　　　类型=矩形　关联=是

　　　　选择夹点以编辑阵列或[关联(AS)/基点(B)/计数(COU)/间距(S)/列数(COL)/行数(R)/层数(L)/退出
(X)]<退出>：COU↙　　　　　　　　　　　　(选择计数选项)

　　　　输入列数数或[表达式(E)]<4>：4↙　　　　　(输入列数 4)

　　　　输入行数数或[表达式(E)]<3>：2↙　　　　　(输入行数 2)

　　　　选择夹点以编辑阵列或[关联(AS)/基点(B)/计数(COU)/间距(S)/列数(COL)/行数(R)/层数(L)/退出
(X)]<退出>：S↙　　　　　　　　　　　　　(选择间距选项)

　　　　指定列之间的距离或[单位单元(U)]<52.5468>：50↙　(输入列间距 50)

　　　　指定行之间的距离<40.840>：40↙　　　　　(输入行间距 40)

图 3-19　矩形阵列前

矩形阵列完成后的图形如图 3-20 所示。

图 3-20　矩形阵列后

2. 路径阵列

(1) 命令输入。

路径阵列的几种操作方式如下：

功能区：单击"修改"面板中的"阵列"多选按钮 🔳 ▾，选择"路径阵列"按钮 ⚬⚬。

工具栏：长按"修改"工具栏中的"阵列"按钮 🔳，选择"路径阵列"按钮 ⚬⚬。

命令行：ARRAYPATH✓。

下拉菜单："修改" → "阵列" → "路径阵列"。

(2) 操作说明。

　　命令：ARRAYPATH✓

　　选择对象：　　　　　　　　　　　　　　(选取要阵列的对象)

　　选择对象：✓　　　　　　　　　　　　　(回车确认，也可以继续选取对象)

　　类型＝矩形　关联＝是

　　选择路径曲线：　　　　　　　　　　　　(点击选取路径曲线)

　　选择夹点以编辑阵列或[关联(AS)/方法(M)/基点(B)/切向(T)/项目(I)/行(R)/层(L)对齐项目(A)/z 方向(Z)/退出(X)] <退出>：

以上提示含有多种选项，分别说明如下：

① 选择夹点以编辑阵列。直接用鼠标点击蓝色夹点编辑路径阵列。

② 关联(AS)。阵列关联性可以快速修改整个阵列中的对象，阵列分为关联和非关联两种。

• 关联：阵列的对象类似于块。编辑阵列对象的特性，例如间距或对象数目，而不影响阵列对象之间的关系，编辑源对象可以更改阵列中的所有对象。阵列默认为关联。

• 非关联：阵列中的对象各自独立，更改一个对象不会影响其他对象。在命令行中输入"AS"，程序提示：

　　创建关联阵列[是(Y)/否(N)]<是>：N✓　　　　(选择非关联)

③ 方法(M)。控制如何沿路径分布项目，包括定数等分(D)和定距等分(M)。

④ 基点(B)。定义阵列的基点。路径阵列中的项目相对于基点放置。

⑤ 切向(T)。指定阵列中的项目如何相对于路径的起始方向对齐。

⑥ 项目(I)。指定项目数或项目之间的距离。

⑦ 行(R)。指定阵列中的行数，行之间的距离，以及行之间的增量标高。

⑧ 层(L)。指定三维阵列的层数和层间距。

⑨ 对齐项目(A)。指定是否对齐每个项目以与路径的方向相切，对齐相对于第一个项目的方向。

⑩ z 方向(Z)。控制是否保持项目的原始 Z 方向，或者沿三维路径自然倾斜项目。

【示例 3-6】 如图 3-21 所示，将一个圆沿指定的曲线路径做 8 个相同的圆，圆之间的间距是 60，操作如下：

　　命令：ARRAYPATH✓

　　选择对象：　　　　　　　　　　　　　　(选取圆)

　　选择对象：✓　　　　　　　　　　　　　(回车确认，结束选择)

　　类型＝矩形　关联＝是

选择路径曲线：　　　　　　　　　　　　　　　　　　(点击选取路径曲线)

选择夹点以编辑阵列或[关联(AS)/方法(M)/基点(B)/切向(T)/项目(I)/行(R)/层(L)对齐项目(A)/z 方向(Z)/退出(X)] <退出>：I✓　　　　　　　　　　(选取项目 I)

指定沿路径的项目之间的距离或[表达式(E)] <75>：60✓　(输入小圆之间的距离 60)

指定项目数或[填写完整路径(F)/表达式(E)] <7>：8✓　(输入小圆做路径阵列的数量 8)

选择夹点以编辑阵列或[关联(AS)/方法(M)/基点(B)/切向(T)/项目(I)/行(R)/层(L)对齐项目(A)/z 方向(Z)/退出(X)] <退出>：✓　　　　　　　　(路径阵列结束)

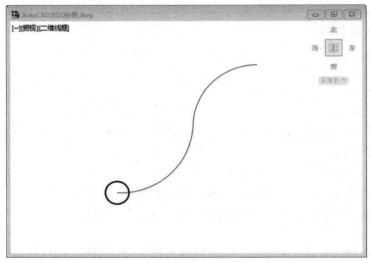

图 3-21　圆和阵列路径

路径阵列后的图形如图 3-22 所示。

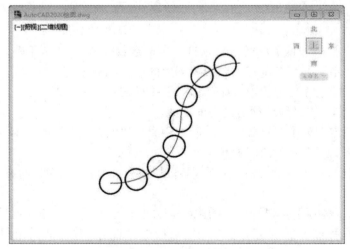

图 3-22　圆的路径阵列结果

3. 环形阵列

(1) 命令输入。

环形阵列的几种操作如下：

功能区：单击"修改"面板中的"阵列"多选按钮 ⊞ ▾，选择"环形阵列"按钮 ⚙ 。

工具栏：长按"修改"工具栏中的"阵列"按钮 ⊞ ，选择"环形阵列"按钮 ⚙ 。

命令行：ARRAYPOLAR↙。

下拉菜单："修改"→"阵列"→"环形阵列"。

(2) 操作说明。

命令：ARRAYPOLAR↙

选择对象：　　　　　　　　　　　　　　　　　　　(选取要阵列的对象)

选择对象：↙　　　　　　　　　　　　　　　　　　(回车确认，也可以继续选取对象)

类型＝矩形　关联＝是

指定阵列的中心点或[基点(B)/计数旋转轴(A)]：　　(点击确定环形阵列的中心点)

选择夹点以编辑阵列或[关联(AS)/基点(B)/项目(I)/项目间角度(A)/填充角度(F)/行(ROW)/层(L)/旋转项目(ROT)/退出(X)] <退出>：

以上提示含有多种选项，分别说明如下：

① 选择夹点以编辑阵列。直接用鼠标点击蓝色夹点编辑环形阵列。

② 关联(AS)。阵列关联性可以快速修改整个阵列中的对象，阵列分为关联和非关联两种。

　• 关联：阵列的对象类似于块。编辑阵列对象的特性，例如间距或对象数目，而不影响阵列对象之间的关系，编辑源对象可以更改阵列中的所有对象。阵列默认为关联。

　• 非关联：阵列中的对象各自独立，更改一个对象不会影响其他对象。在命令行中输入"AS"，程序提示：

创建关联阵列[是(Y)/否(N)] <是>：N↙　　　　　　　(选择非关联)

③ 基点(B)。定义阵列基点和基点夹点的位置。

④ 项目(I)。指定项目数或项目之间的距离。

⑤ 项目间角度(A)。设置相邻的项目间的角度。

⑥ 填充角度(F)。对象做环形阵列的总角度。

⑦ 行(ROW)。指定阵列中的行数，行之间的距离，以及行之间的增量标高。

⑧ 层(L)。指定三维阵列的层数和层间距。

⑨ 旋转项目(ROT)。控制做环形阵列时是否旋转对象。

⑩ 退出(X)。退出环形阵列命令。

【示例 3-7】如图 3-23 所示，将图中上方的小圆及它的外切四边形绕大圆中心做环形阵列，一共做 3 个，需要旋转阵列。操作如下：

命令：ARRAYPOLAR↙

选择对象：　　　　　　　　　　　　　　　　　　　(选取上方的小圆及外切四边形)

选择对象：↙　　　　　　　　　　　　　　　　　　(回车确认)

类型＝矩形　关联＝是

指定阵列的中心点或[基点(B)/计数旋转轴(A)]：　　(点击大圆的圆心)

选择夹点以编辑阵列或[关联(AS)/基点(B)/项目(I)/项目间角度(A)/填充角度(F)/行(ROW)/层(L)/旋转项目(ROT)/退出(X)] <退出>：I↙　　(选择项目选项)

输入阵列中的项目数或[表达式(E)] <6>：3↙　　　(输入项目数 3)

选择夹点以编辑阵列或[关联(AS)/基点(B)/项目(I)/项目间角度(A)/填充角度(F)/行(ROW)/层(L)/
旋转项目(ROT)/退出(X)] <退出>：✓   (回车确认完成环形阵列)

图 3-23   环形阵列前

阵列后的图形如图 3-24 所示。

图 3-24   环形阵列结果——旋转项目

环形阵列在默认状态下，都是旋转项目。如果需要项目不做旋转，可以在下面这个提示下输入 ROT，更改项目的旋转状态。

选择夹点以编辑阵列或[关联(AS)/基点(B)/项目(I)/项目间角度(A)/填充角度(F)/行(ROW)/层(L)/
旋转项目(ROT)/退出(X)] <退出>：ROT✓   (更改项目的旋转状态)
是否旋转阵列项目？[是(Y)/否(N)] <是>：N✓   (改为不旋转项目)
选择夹点以编辑阵列或[关联(AS)/基点(B)/项目(I)/项目间角度(A)/填充角度(F)/行(ROW)/层(L)/
旋转项目(ROT)/退出(X)] <退出>：✓   (回车确认完成环形阵列)

结果如图 3-25 所示。

图 3-25 环形阵列结果——不旋转项目

3.2.7 移动命令

移动命令用于对二维或三维对象进行重新定位。移动对象仅仅是位置平移，而不改变对象的方向和大小。

(1) 命令输入。

移动命令的几种操作如下：

功能区：单击"修改"面板中的"移动"按钮✛。

工具栏：单击"修改"工具栏中的"移动"按钮✛。

命令行：MOVE 或 M↙。

下拉菜单："修改"→"移动"。

(2) 操作说明。

命令：MOVE↙

选择对象：   (选取要移动的对象)

选择对象：↙   (回车确认，也可以继续选取对象)

指定基点或 [位移(D)] <位移>：

上面的提示有两种情况，分别说明如下：

① 指定基点。直接输入一点，则 AutoCAD 2020 继续提示：

指定第二个点或 <使用第一个点作为位移>：   (确定另一点)

将所选取的对象从第一点移向第二点。也可以在此输入第二点相对于第一点的相对坐标(@X,Y)，这样就以相对坐标的方式把对象移到第二点。

② 位移(D)。输入位移增量。输入"D"并回车，则 AutoCAD 2020 继续提示：

指定位移 <-300.0000, 0.0000, 0.0000>：   (输入相对于基准点的位移量@X,Y)

则将所选择的对象从当前位置按指定的位移量移动。

【示例 3-8】 如图 3-26 所示，将正方形和它里面的小圆从 A 点移动到 B 点，操作如下：

命令：MOVE↙

选择对象：   (选中 A 点处的"正方形和小圆")

选择对象：↙   (选择对象结束)

指定基点或 [位移(D)] <位移>：   (点击 A 点)

指定第二个点或 <使用第一个点作为位移>：   (点击 B 点)

图 3-26   移动命令使用前

移动后的图形如图 3-27 所示。

图 3-27   用指定点的方法来移动图形对象

图 3-28 所示是用位移增量的方法来移动一个图形对象的例子。将一个"正方形和小圆"从"C"点移动到"D"点，操作如下：

命令：MOVE↙

选择对象：   (选中 C 点处的"正方形和小圆")

选择对象：↙   (选择目标结束)

指定基点或 [位移(D)] <位移>：D↙   (输入位移选项"D")

指定位移 <300.0000, -200.0000, 0.0000>：@150,150↙ (向右 150，向上 150 移动对象)

图 3-28　用位移增量的方法来移动图形对象

3.2.8　旋转命令

使用旋转命令可以精确地旋转一个或一组对象。该命令要求首先确定一个基点，然后输入要旋转的角度。

(1) 命令输入。

旋转命令的几种操作如下：

功能区：单击"修改"面板中的"旋转"按钮↻。

工具栏：单击"修改"工具栏中的"旋转"按钮↻。

命令行：ROTATE 或 RO↙。

下拉菜单："修改"→"旋转"。

(2) 操作说明。

　　命令：ROTATE↙

　　UCS 当前的正角方向：ANGDIR＝逆时针　ANGBASE＝0

　　选择对象：　　　　　　　　　　　　　　(选取要做旋转的对象)

　　选择对象：↙　　　　　　　　　　　　　(回车确认，也可以继续选取对象)

　　指定基点：　　　　　　　　　　　　　　(确定旋转中心)

　　指定旋转角度，或 [复制(C)/参照(R)] <0>：

上面的提示有三种情况，分别说明如下：

① 旋转角度。若直接输入一个角度值，即执行默认项，AutoCAD 2020 将所选对象绕指定的中心点转动该角度值；角度为正时做逆时针旋转，角度为负时做顺时针旋转。另外，也可以用拖动的方式来确定角度值，在上述提示下拖动鼠标，从中心点到光标位置会引出一条橡皮筋线，该线方向与水平向右方向之间的夹角即为要转动的角度，同时所选对象会按此角度动态地转动，确定位置后，单击鼠标左键，即可将对象旋转。

② 复制(C)。创建要旋转的选定对象的副本。原来的对象继续保留。键入"C"并回车，AutoCAD 2020 提示：

　　指定旋转角度，或 [复制(C)/参照(R)] <270>：　　(输入旋转的角度值)

③ 参照(R)。该选项表示将所选目标以参考方式旋转。键入"R"并回车，AutoCAD 2020 提示：

指定参照角 <0>：　　　　　　　　　　　　　(输入原对象的角度值)

指定新角度或 [点(P)] <0>：　　　　　　　　(输入对象旋转后的角度值)

【示例 3-9】　旋转命令的三种使用方法(以图 3-29 图形为例)。

图 3-29　旋转命令前的原图形

(1) 如图 3-30 所示，使用旋转角度的方式将图形对象逆时针旋转 90°，操作如下：

命令：ROTATE↙

UCS 当前的正角方向：ANGDIR = 逆时针　ANGBASE = 0

选择对象：　　　　　　　　　　　　　　　　(选取图形对象)

选择对象：↙　　　　　　　　　　　　　　　(回车确认，结束选择)

指定基点：　　　　　　　　　　　　　　　　(点击"A"点)

指定旋转角度，或[复制(C)/参照(R)] <0>：90↙　(输入逆时针旋转 90°)

图 3-30　指定旋转角度方式下的旋转

(2) 如图 3-31 所示，用复制的方式将图形对象逆时针旋转 135°，同时保留了源图形，操作如下：

命令：ROTATE↙

UCS 当前的正角方向：ANGDIR＝逆时针　　ANGBASE＝0

选择对象：　　　　　　　　　　　　　　　　　(选取图形对象)

选择对象：✓　　　　　　　　　　　　　　　　(回车确认，结束选择)

指定基点：　　　　　　　　　　　　　　　　　(点击"A"点)

指定旋转角度，或 [复制(C)/参照(R)] <270>：C✓　　(输入选项"复制")

指定旋转角度，或 [复制(C)/参照(R)] <270>：135✓　　(输入逆时针旋转 135 度)

图 3-31　保留源对象方式下的旋转

(3) 如图 3-32 所示，用参照角度的方式将图形对象逆时针旋转了 30°，操作如下：

命令：ROTATE✓

UCS 当前的正角方向：ANGDIR＝逆时针　　ANGBASE＝0

选择对象：　　　　　　　　　　　　　　　　　(选取图形对象)

选择对象：✓　　　　　　　　　　　　　　　　(回车确认，结束选择)

指定基点：　　　　　　　　　　　　　　　　　(点击 A 点)

指定旋转角度，或 [复制(C)/参照(R)] <300>：R✓　　(输入选项"参照")

指定参照角 <0>：0✓　　　　　　　　　　　　(输入原对象的角度值)

指定新角度或 [点(P)] <0>：30✓　　　　　　　(输入对象旋转后的角度值)

图 3-32　参照方式下的旋转

3.2.9　缩放命令

缩放命令可以使选择的图形对象按指定的比例因子相对于指定的基点放大或缩小，但不改变其结构比例。

(1) 命令输入。

缩放命令的几种操作方法如下：

功能区：单击"修改"面板中的"缩放"按钮。

工具栏：单击"修改"工具栏中的"缩放"按钮。

命令行：SCALE 或 SC✓。

下拉菜单："修改"→"缩放"。

(2) 操作说明。

命令：SCALE✓	
选择对象：	(选取要缩放的对象)
选择对象：✓	(回车确认，也可以继续选取对象)
指定基点：	(确定基点)
指定比例因子或 [复制(C)/参照(R)] <1.0000>：	

上述提示有三种选择，分别说明如下：

① 比例因子。若直接输入一个比例因子，即执行默认项。AutoCAD 2020 将把所选的对象按该比例因子相对于基点进行缩放。如果比例因子大于 1，则放大选定的对象；如果比例因子介于 0 和 1 之间，则缩小选定的对象。

② 复制(C)。创建要缩放的选定对象的副本。保留原来的对象。键入"C"并回车，AutoCAD 2020 提示：

指定比例因子或 [复制(C)/参照(R)] <2.0000>：	(输入一个比例因子)

③ 参照(R)。按参照长度和指定的新长度缩放所选对象。键入"R"并回车，AutoCAD 2020 提示如下：

指定参照长度 <1.0000>：	(输入参考长度值)
指定新的长度或 [点(P)] <1.0000>：	(输入新的长度值)

这时，AutoCAD 2020 会根据参考长度值与新长度值自动计算缩放系数，然后进行缩放操作。如果新长度大于参照长度，则所选对象被放大；反之，则缩小。

【示例 3-10】　缩放命令的三种使用方法。

(1) 如图 3-33 所示，为指定比例因子方式下的缩放命令作图结果，将原图形放大了 1.5 倍，操作如下：

命令：SCALE✓	
选择对象：	(选取图形对象)
选择对象：✓	(回车确认，结束选择)
指定基点：	(点击 A 点)
指定比例因子或 [复制(C)/参照(R)] <1.0000>：1.5✓	(缩放比例 1.5，命令结束)

图 3-33　指定比例因子方式下的缩放

(2) 如图 3-34 所示，为保留源对象方式下的缩放命令作图结果，同样放大了 1.5 倍，操作如下：

命令：SCALE↙

选择对象：　　　　　　　　　　　　　　　　　　(选取图形对象)

选择对象：↙　　　　　　　　　　　　　　　　　　(回车确认，结束选择)

指定基点：　　　　　　　　　　　　　　　　　　(点击 A 点)

指定比例因子或 [复制(C)/参照(R)] <1.0000>：C↙　　(输入选项"复制")

指定比例因子或 [复制(C)/参照(R)] <2.0000>：1.5↙　　(缩放比例 1.5，命令结束)

图 3-34　保留源对象方式下的缩放

(3) 如图 3-35 所示，为参照方式下的缩放命令作图结果，图形被缩小了一半，操作如下：

命令：SCALE↙

选择对象：　　　　　　　　　　　　　　　　　　(选取图形对象)

选择对象：↙　　　　　　　　　　　　　　　　　　(回车确认，结束选择)

指定基点：　　　　　　　　　　　　　　　　　　(点击 A 点)

指定比例因子或 [复制(C)/参照(R)] <1.0000>：R↙　　(输入选项"参照")

指定参照长度 <2.0000>: 2✓   (参照长度为2)

指定新的长度或 [点(P)] <1.0000>: 1✓   (新的长度为1，命令结束)

图 3-35　参照方式下的缩放

3.2.10　拉伸命令

使用拉伸命令可以在一个方向上按照指定的尺寸将图形对象拉伸或移动，可以拉长或缩短图形对象，并改变其形状。拉伸的结果依赖于所选取对象的类型及所选取的方式。该命令可以拉伸直线、圆弧、实体、轨迹线、多段线以及三维曲面。对于可拉伸的对象而言，如果使用交叉窗口进行拉伸，则位于交叉窗口内的端点将会被移动，而位于窗口外的端点将保持不动。对于文字、块、椭圆和圆，当它们的主定义点位于窗口内时可移动，否则它们不会被移动，这几类对象均不可被拉伸。

(1) 命令输入。

拉伸命令的几种操作方法如下：

功能区：单击"修改"面板中的"拉伸"按钮。

工具栏：单击"修改"工具栏中的"拉伸"按钮。

命令行：STRETCH 或 S✓。

下拉菜单："修改"→"拉伸"。

(2) 操作说明。

命令：STRETCH✓

以交叉窗口或交叉多边形选择要拉伸的对象...

选择对象：   (选取拉伸对象)

选择对象：✓   (回车确认，也可以继续选取对象)

指定基点或 [位移(D)] <位移>：   (确定拉伸的基点)

指定第二个点或 <使用第一个点作为位移>：

拉伸命令的提示与移动命令的提示相似，这里不再详述。拉伸命令与移动命令的区别是：移动命令移动所有被选择的对象，而拉伸命令只移动完全包括在选择窗口内的对象，与选择窗口交叉的目标则发生延长或缩短变形。执行该命令，只能用交叉窗口(C)或圈交(CP)方式选择要拉伸的对象。该命令只对选中的对象进行处理，对窗口之外的对象不作处理。

【示例 3-11】　拉伸命令的两种使用方法。

(1) 如图 3-36、3-37 所示，拉伸命令使用后，选中的图形对象从"C"点位置移到了"D"点位置，其他的图形没有变化。操作过程如下：

命令：STRETCH↙

以交叉窗口或交叉多边形选择要拉伸的对象…

选择对象：　　　　　　　　　　　　　　(先点击 A 点，再点击 B 点从右向左选取目标)

选择对象：↙　　　　　　　　　　　　　(回车确认，结束选择)

指定基点或 [位移(D)] <位移>：　　　　(点击 C 点，即选取"基点")

指定第二个点或 <使用第一个点作为位移>：　(点击 D 点，命令结束)

图 3-36　窗口选择拉伸对象和指定基点

图 3-37　拉伸命令移动局部图形

(2) 如图 3-38、3-39 所示，使用拉伸命令可以改变选中图形对象的形状。操作过程如下：

命令：STRETCH↙

以交叉窗口或交叉多边形选择要拉伸的对象…

选择对象: （先点击 A 点，再点击 B 点从右向左选取目标）

选择对象: ✓   （回车确认，结束选择）

指定基点或 [位移(D)] <位移>:   （点击 C 点，即选取"基点"）

指定第二个点或 <使用第一个点作为位移>: （点击 D 点，命令结束）

图 3-38　窗口选择拉伸对象和指定基点

图 3-39　拉伸命令改变局部图形的形状

3.2.11　拉长命令

使用拉长命令可以修改开放的直线、圆弧、多段线、椭圆弧和样条曲线的长度，也可以修改圆弧的包含角和某些对象的长度。使用时可以给定一个合法的数值，该数值可以是总长度或角度的百分比，以及绝对长度；也可以通过动态拖动来修改对象的长度。

(1) 命令输入。

拉长命令的几种操作方式如下：

功能区：单击"修改"面板中的"拉长"按钮／。

命令行：LENGTHEN 或 LEN✓。

下拉菜单："修改"→"拉长"。

(2) 操作说明。

命令：LENGTHEN✓

选择要测量的对象或 [增量(DE)/百分比(P)/总计(T)/动态(DY)]：(选取要做拉长的对象)

选择要测量的对象或 [增量(DE)/百分比(P)/总计(T)/动态(DY)]：(回车确认，也可以继续选取目标)

上述提示有五种选择，分别说明如下：

① 选择要测量的对象。选择一个对象，显示对象的长度和包含角(如果对象有包含角)，或按回车键结束命令。

② 增量(DE)。以指定的增量修改对象的长度，该增量从距离选择点最近的端点处开始测量；还能以指定的增量修改弧的角度，正值扩展对象，负值修剪对象。键入"DE"并回车，AutoCAD 2020 提示如下：

输入长度差值或 [角度(A)] <当前>：　　　　(输入一个长度差值)

其中，长度差值是以指定的增量修改对象的长度。输入差值后，将显示：

选择要修改的对象或 [放弃(U)]：　　　(选取要做拉长的对象)

提示将一直重复，直到按回车键结束命令。

角度(A)以指定的角度修改选定圆弧的包含角。输入"A"后，将显示：

输入角度差值 <当前角度>：　　　　(输入一个角度差值)

输入角度值后，将显示：

选择要修改的对象或 [放弃(U)]：　　　(选取要做拉长的对象)

选择一个对象，提示将一直重复，直到按回车键结束命令。

③ 百分数(P)。通过指定对象总长度的百分数设置对象长度。输入"P"并回车，AutoCAD 2020 提示如下：

输入长度百分数 <100.0000>：　　　(输入非零正值或按回车键)

选择要修改的对象或 [放弃(U)]：　　　(选取要做拉长的对象)

提示将一直重复，直到按回车键结束命令。

④ 总计(T)。以输入的新长度或新角度来修改原来的长度或角度。输入"T"并回车，AutoCAD 2020 提示如下：

指定总长度或 [角度(A)] <1.0000>：　　　(指定长度)

总长度是将对象从离选择点最近的端点拉长到指定值。输入长度后，提示：

选择要修改的对象或 [放弃(U)]：　　　(选择对象)

提示将一直重复，直到按回车键结束命令。

另外，角度(A)是设置选定圆弧的包含角。输入"A"并回车，提示：

指定总角度 <当前>：　　　(指定角度或按回车键)

提示将一直重复，直到按回车键结束命令。

⑤ 动态(DY)。打开动态拖动模式。通过拖动选定对象的某一端点来改变其长度，其他端点则保持不变。输入"DY"并回车，AutoCAD 2020 提示如下：

选择要修改的对象或 [放弃(U)]：　　　(选择一个对象)

提示将一直重复，直到按回车键结束命令。

【**示例 3-12**】 拉长命令的使用方法。

(1) 如图 3-40 所示，使用拉长命令把上面的直线向右拉长 100，操作过程如下：

命令：LENGTHEN↙

选择对象或 [增量(DE)/百分数(P)/全部(T)/动态(DY)]：DE↙　　　（选择增量选项 "DE"）

输入长度增量或 [角度(A)] <200.0000>：100↙　　　（输入一个长度差值 100）

选择要修改的对象或 [放弃(U)]：　　　（点击上面直线的 A 处）

选择要修改的对象或 [放弃(U)]：↙　　　（结束命令，向右拉长 100）

图 3-40　使用拉长命令拉长直线

(2) 如图 3-41 所示，使用拉长命令把上面的圆弧拉长 90 度，操作如下：

命令：LENGTHEN↙

选择要测量的对象或 [增量(DE)/百分比(P)/总计(T)/动态(DY)]：DE↙　（选择增量选项 "DE"）

输入长度增量或 [角度(A)] <200.0000>：A↙　　　（选取角度选项 "A"）

输入角度增量 <90>：90↙　　　（输入一个角度差值 90 度）

选择要修改的对象或 [放弃(U)]：　　　（点击圆弧上的 A 处）

选择要修改的对象或 [放弃(U)]：↙　　　（结束命令，圆弧被拉长 90 度）

图 3-41　使用拉长命令拉长圆弧

3.2.12　修剪命令

使用修剪命令时先要选择剪切边，把剪切边作为参考对象，然后根据它来修剪其他对象。剪切边可以是直线、圆弧、圆、多段线、椭圆、样条曲线、参照线、射线和文字等。

(1) 命令输入。

修剪命令的几种操作方法如下：

功能区：单击"修改"面板中的"修剪"多选按钮 ✂ ▾ ，选择"修剪"按钮 ✂ 。

工具栏：单击"修改"工具栏中的"修剪"按钮 ✂ 。

命令行：TRIM 或 TR↙。

下拉菜单："修改"→"修剪"。

(2) 操作说明。

命令：TRIM↙

当前设置：投影 = UCS，边 = 无

选择剪切边…

选择对象或 <全部选择>：　　　　　(选取要作为剪切边的目标或按"回车"键全部选择)

选择对象：↙　　　　　　　　　　(回车确认，也可以继续选取目标作为剪切边)

选择要修剪的对象，或按住 Shift 键选择要延伸的对象，或者

[栏选(F)/窗交(C)/投影(P)/边(E)/删除(R)/放弃(U)]：

上述提示含有多种选择，分别说明如下：

① 选择要修剪的对象。直接点击要修剪的对象。如果选择点位于对象的端点与剪切边的交点之间，则删除端点与交点之间的部分，如图 3-42 所示，图中只有"AB"是剪切边，"E"点是剪切点，水平线是修剪对象。如果选择点位于切割边的两个交点之间，则两个交点之间的部分被删除，而两个交点之外的部分仍保留，如图 3-43 所示，图中"AB""CD"都是剪切边，"E"点是剪切点，水平线是修剪对象。

图 3-42　删除端点和交点之间的直线

图 3-43　删除两交点之间的直线

② 按住 Shift 键选择要延伸的对象。如果在选择对象的同时按住 Shift 键，可将对象延伸到最近的边界，而不修剪它。对象延伸的方向和选择点的位置有关，一般来说，对象从靠近选择点的一端开始延伸。

③ 栏选(F)。选择与选择栏相交的所有对象。选择栏是一系列的临时线段，它们是用两个或多个栏选点指定的。选择栏不构成闭合环。输入"F"并回车，AutoCAD 2020 提示如下：

　　　指定第一个栏选点：　　　　　　　　　　　　（指定选择栏的起点）

　　　指定下一个栏选点或 [放弃(U)]：　　　　　　（指定选择栏的下一个点）

　　　指定下一个栏选点或 [放弃(U)]：　　　　　　（指定选择栏的下一个点或按回车键）

④ 窗交(C)。选择矩形区域(由两点确定)内部或与之相交的对象。输入"C"并回车，AutoCAD 2020 提示如下：

　　　指定第一个角点：　　　　　　　　　　　　　（指定第一个对角点）

　　　指定对角点：　　　　　　　　　　　　　　　（指定第二个对角点）

⑤ 投影(P)。指定修剪对象时使用的投影方法。输入"P"并回车，AutoCAD 2020 提示：

　　　输入投影选项 [无(N)/UCS(U)/视图(V)] <当前>：

· 无(N)：指定无投影。该命令只修剪与三维空间中的剪切边相交的对象。

· UCS(U)：指定在当前用户坐标系 XY 平面上的投影。该命令将修剪不与三维空间中的剪切边相交的对象。

· 视图(V)：指定沿当前视图方向的投影。该命令将修剪与当前视图中的边界相交的对象。

⑥ 边(E)。确定对象是在另一对象的延长边处进行修剪，还是仅在三维空间中与该对象相交的对象处进行修剪。输入"E"并回车，AutoCAD 2020 提示：

　　　输入隐含边延伸模式[延伸(E)/不延伸(N)]<当前>：

· 延伸：沿自身自然路径延伸剪切边使它与三维空间中的对象相交。

· 不延伸：指定对象只在三维空间中与其相交的剪切边处修剪。

⑦ 删除(R)。删除选定的对象。此选项提供了一种用来删除不需要的对象的简便方法，无须退出"修剪(TRIM)"命令。输入"R"并回车，AutoCAD 2020 提示：

　　　选择要删除的对象或 <退出>：　　　　（使用对象选择方法并按回车键返回到上一个提示）

⑧ 放弃(U)。撤销上一次操作。

【示例 3-13】　如图 3-44 所示，五个直径相同的圆交于一点，使用修剪命令把外围的五段圆弧修剪掉，操作如下：

> 命令：TRIM↙
>
> 当前设置：投影 = UCS，边 = 无
>
> 选择剪切边...
>
> 选择对象或 <全部选择>：　　　　　　　　　　　　　　（直接按"回车"键，全部选择）
>
> 选择要修剪的对象，或按住 Shift 键选择要延伸的对象，或者
>
> [栏选(F)/窗交(C)/投影(P)/边(E)/删除(R)/]：　　　　　（点击 A、B、C、D、E 五处的圆弧）
>
> 选择要修剪的对象，或按住 Shift 键选择要延伸的对象，或
>
> [栏选(F)/窗交(C)/投影(P)/边(E)/删除(R)/放弃(U)]：↙　（命令结束）

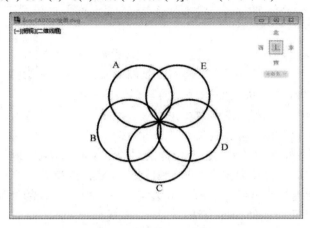

图 3-44　图形对象修剪前

修剪后的图形如图 3-45 所示。

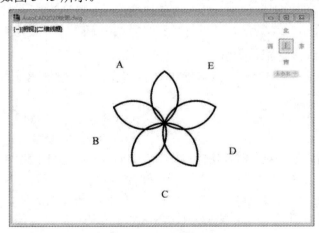

图 3-45　图形对象修剪后

3.2.13　延伸命令

使用延伸命令可以将对象精确地延伸到由其他图形对象定义的边界。延伸边界对象包括多段线、圆、椭圆、直线、射线、区域、样条曲线、文本和构造线。所选取的图形对象既可以被看作边界边，又可以被看作是有待延伸的对象，待延伸对象上的拾取点确定了所

应延伸的一端。

(1) 命令输入。

延伸命令的几种操作方法如下：

功能区：单击"修改"面板中的"修剪"多选按钮 ，选择"延伸"按钮 ⟶⎸。

工具栏：单击"修改"工具栏中的"延伸"按钮 ⟶⎸。

命令行：EXTEND 或 EX✓。

下拉菜单："修改"→"延伸"。

(2) 操作说明。

命令：EXTEND✓

当前设置：投影 = UCS，边 = 无

选择边界的边...

选择对象或 <全部选择>：　　　　　　　　(选取作为边界的对象或按"回车"全部选择)

选择对象：✓　　　　　　　　　　　　　　(回车确认，也可以继续选取目标作为边界线)

选择要延伸的对象，或按住 Shift 键选择要修剪的对象，或

[栏选(F)/窗交(C)/投影(P)/边(E)/放弃(U)]：

上述提示含有多种选择，分别说明如下：

① 选择要延伸的对象。直接点击要延伸的对象。AutoCAD 2020 会把该对象延长到指定的边界线。上面的提示将反复出现，直到按回车键确认结束。

② 按住 Shift 键选择要修剪的对象。将选定对象修剪到最近的边界而不是将其延伸。这是在修剪和延伸之间切换的简便方法。

③ 栏选(F)。选择与选择栏相交的所有对象。选择栏是一系列的临时线段，它们是用两个或多个栏选点指定的。选择栏不构成闭合环。输入"F"并回车，AutoCAD 2020 提示如下：

指定第一个栏选点：　　　　　　　　　　(指定选择栏的起点)

指定下一个栏选点或 [放弃(U)]：　　　　(指定选择栏的下一个点)

指定下一个栏选点或 [放弃(U)]：　　　　(指定选择栏的下一个点或按回车键)

④ 窗交(C)。选择矩形区域(由两点确定)内部或与之相交的对象。输入"C"并回车，AutoCAD 2020 提示如下：

指定第一个角点：　　　　　　　　　　　(指定第一个对角点)

指定对角点：　　　　　　　　　　　　　(指定第二个对角点)

⑤ 投影(P)。指定延伸对象时使用的投影方法。输入"P"并回车，AutoCAD 2020 提示：

输入投影选项[无(N)/UCS(U)/视图(V)] <当前>：

· 无(N)：指定无投影。只延伸与三维空间中的边界相交的对象。

· UCS(U)：指定到当前用户坐标系(UCS)XY 平面的投影。延伸未与三维空间中的边界对象相交的对象。

· 视图(V)：指定沿当前视图方向的投影。

⑥ 边(E)。将对象延伸到另一个对象的隐含边，或仅延伸到三维空间中与其实际相交的对象。输入"E"并回车，AutoCAD 2020 提示：

输入隐含边延伸模式[延伸(E)/不延伸(N)]<当前>：

· 延伸(E)：沿其自然路径延伸边界对象以和三维空间中另一对象或其隐含边相交。

- 不延伸(N)：指定对象只延伸到在三维空间中与其实际相交的边界对象。

⑦ 放弃(U)。撤销上一次操作。

【示例 3-14】　如图 3-46 所示，将圆内的四条直线延伸到外面的圆上，操作如下：

命令：EXTEND↙

当前设置：投影 = UCS，边 = 无

选择边界的边...

选择对象或 <全部选择>：↙　　　　　　　　　　　　(按"回车"键全部选择)

选择要延伸的对象，或按住 Shift 键选择要修剪的对象，或

[栏选(F)/窗交(C)/投影(P)/边(E)/放弃(U)]：　　　　(点取四条直线的八个端点附近)

选择要延伸的对象，或按住 Shift 键选择要修剪的对象，或

[栏选(F)/窗交(C)/投影(P)/边(E)/放弃(U)]：↙　　　(按"回车"键结束)

图 3-46　延伸命令使用前

延伸后的图形如图 3-47 所示。

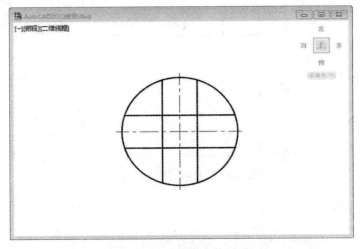

图 3-47　延伸命令使用后

3.2.14 打断于点

使用打断于点命令可以将一个对象打断为两个对象，这两个对象之间没有间隙。它是后面"打断命令"的特例，它只指定一个打断点，在该点处将对象一分为二。

(1) 命令输入。

打断于点的几种操作方式如下：

功能区：单击"修改"面板中的"打断于点"按钮□。

工具栏：单击"修改"工具栏中的"打断于点"按钮□。

(2) 操作说明。

单击"修改"工具栏中的"打断于点"按钮□后，显示：

命令：_break 选择对象：	(选择对象)
指定第二个打断点 或 [第一点(F)]：_f	
指定第一个打断点：	(确定打断位置)
指定第二个打断点：@	(结束)

【示例 3-15】 如图 3-48 所示，一条直线在"A"点处被打断，直线被分成了左右两段，操作如下：

单击"修改"工具栏中的"打断于点"按钮□：

命令：_break 选择对象：	(选择直线)
指定第二个打断点 或 [第一点(F)]：_f	
指定第一个打断点：	(确定打断位置 A 点)
指定第二个打断点：@	(结束)

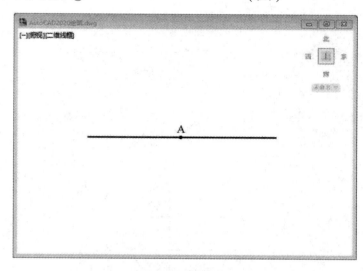

图 3-48　直线被打断于"A"点

3.2.15 打断命令

使用打断命令可以删除对象上两个指定点之间的部分。

(1) 命令输入。

打断命令的几种操作方式如下：

功能区：单击"修改"面板中的"打断"按钮凹。

工具栏：单击"修改"工具栏中的"打断"按钮凹。

命令行：BREAK 或 BR✓。

下拉菜单："修改"→"打断"。

(2) 操作说明。

命令：BREAK✓

选择对象：　　　　　　　　　　　　　　　　　(选取线段上一点)

指定第二个打断点或[第一点(F)]：　　　　　(选取第二个打断点)

上述提示含有多种选择，分别说明如下：

① 若直接点取线段上的另一点，则将目标上所点取的两个点之间的线段删除，对于圆，该命令从第一点到第二点按逆时针方向开始删除，从而使圆变成圆弧。

② 若键入"@"，则将目标在选取点处一分为二，相当于前面的"打断于点"。

③ 若在线段端点以外处点取一点，则把两个点之间的线段全部删除。

④ 若键入"F"并回车，则显示：

指定第一个打断点：

此时，再重新开始点取第一点，而原先输入的第一点仅做选取目标用。然后又显示：

指定第二个打断点：

再输入第二点即可。

【示例 3-16】　打断命令的使用方法。

(1) 如图 3-49 所示，将直线或圆上面的 A 点和 B 之间打断，操作如下：

命令：BREAK✓

选择对象：　　　　　　　　　　　　　　　　(选取线段上的 A 点)

指定第二个打断点或[第一点(F)]：　　　　(选取线段上的 B 点)

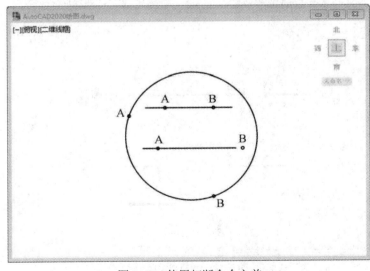

图 3-49　使用打断命令之前

　　上面的步骤再重复两次，"A"点和"B"点之间的直线或圆弧都被打断，如图 3-50 所示。

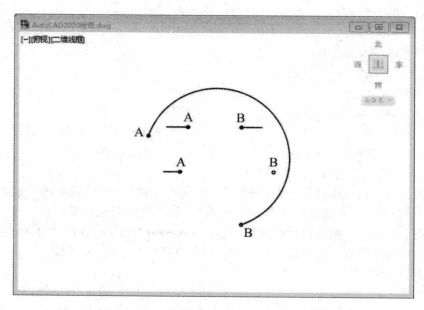

图 3-50　使用打断命令之后

(2) 如图 3-51 所示，将直线在 B 点和 C 点之间打断。

命令：BREAK↙

选择对象：　　　　　　　　　　　　　　　　(点取线段上的 A 点)

指定第二个打断点或[第一点(F)]：F↙

指定第一个打断点：　　　　　　　　　　　　(点取线段上 B 点)

指定第二个打断点：　　　　　　　　　　　　(点取 C 点，命令结束)

图 3-51　打断命令——重新选择第一个打断点

3.2.16 合并命令

使用合并命令可以将相似的对象合并为一个对象，也可以将圆弧和椭圆弧闭合成完整的圆和椭圆。可以合并的对象包括圆弧、椭圆弧、直线、多段线、样条曲线。将相似的对象与之合并的对象称为源对象。要合并的对象必须位于同一平面上。

(1) 命令输入。

合并命令的几种操作方法如下：

功能区：单击"修改"面板中的"合并"按钮 ← 。

工具栏：单击"修改"工具栏中的"合并"按钮 ← 。

命令行：JOIN 或 J↙。

下拉菜单："修改" → "合并"。

(2) 操作说明。

命令：JOIN↙

选择源对象：　　　　　　　　　　(选择一条直线、多段线、圆弧、椭圆弧、样条曲线或螺旋)

根据选定的源对象，显示以下提示之一：

① 选择直线时，直线对象必须共线(位于同一无限长的直线上)，但是它们之间可以有间隙。然后显示：

选择要合并的对象：　　　　　(选择一条或多条直线并按回车键)

② 选择多段线时，对象可以是直线、多段线或圆弧。对象之间不能有间隙，并且必须位于与 UCS 的 XY 平面平行的同一平面上。然后显示：

选择要合并的对象：　　　　　(选择一个或多个对象并按回车键)

③ 选择圆弧时，圆弧对象必须位于同一假想的圆上，它们之间可以有间隙。"闭合"选项可将源圆弧转换成圆。注意，合并两条或多条圆弧时，将从源对象开始按逆时针方向合并圆弧。然后显示：

选择圆弧，以合并到源或进行 [闭合(L)]：　　　　(选择一个或多个圆弧并按回车键，或输入 L)

④ 选择椭圆弧时，椭圆弧必须位于同一椭圆上，它们之间可以有间隙。"闭合"选项可将源椭圆弧闭合成完整的椭圆。注意，合并两条或多条椭圆弧时，将从源对象开始按逆时针方向合并椭圆弧。然后显示：

选择椭圆弧，以合并到源或进行 [闭合(L)]：　　　　(选择一个或多个椭圆弧并按回车键，或输入 L)

⑤ 选择样条曲线时，样条曲线和螺旋对象必须相接(端点对端点)。 结果对象是单个样条曲线。然后显示：

选择要合并到源的样条曲线或螺旋：　　　　　(选择一条或多条样条曲线或螺旋并按回车键)

⑥ 选择螺旋时，螺旋对象必须相接(端点对端点)。结果对象是单个样条曲线。然后显示：

选择要合并到源的样条曲线或螺旋：　　　　　(选择一条或多条样条曲线或螺旋并按回车键)

【示例 3-17】 如图 3-52 所示，将左右两段直线合并连接，操作如下：

命令：JOIN↙

选择源对象：　　　　　　　　　　　　　　(选择左边的直线)

选择要合并到源的直线：　　　　　　　　　　　　(选择右边的直线)

选择要合并到源的直线：✓　　　　　　　　　　　(命令结束)

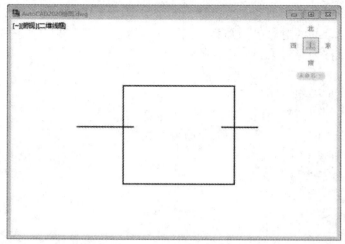

图 3-52　合并命令使用前

合并后的图形如图 3-53 所示。

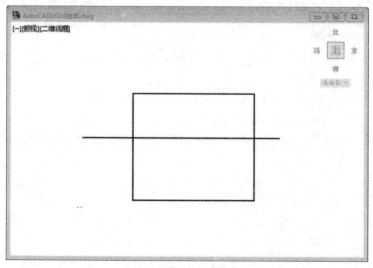

图 3-53　合并命令使用后

3.2.17　倒角命令

倒角命令用于对两条相互不平行的对象做倒角处理。可进行倒角的对象包括直线、多段线和射线等。倒角可由每条线段的距离或一条线段的距离和角度来确定。

(1) 命令输入。

倒角命令的几种操作方式如下：

功能区：单击"修改"面板中的"圆角"多选按钮　，选择"倒角"按钮　。

工具栏：单击"修改"工具栏中的"倒角"按钮　。

命令行：CHAMFER 或 CHA✓。

下拉菜单："修改" → "倒角"。

(2) 操作说明。

命令：CHAMFER✓

（"修剪"模式）当前倒角距离 1=0.0000，距离 2=0.0000

选择第一条直线或 [放弃(U)/多段线(P)/距离(D)/角度(A)/修剪(T)/方式(E)/多个(M)]:

以上各选项的含义分别解释如下：

① 选择第一条直线。直接点取第一条直线，则 AutoCAD 2020 提示：

选择第二条直线，或按住 Shift 键选择直线以应用角点或[距离(D)/角度(A)/方法(M)]:（使用对象选择方法，或按住 Shift 键并选择对象，以创建一个锐角）

在此提示下，选取另外一条线，AutoCAD 2020 就会对这两条线进行倒角，其中第一条线的倒角距离为第一倒角距离，第二条线的倒角距离为第二倒角距离。倒角距离由下面的选项④来确定。选择对象时可以按住 Shift 键，用 0 值替代当前的倒角距离。

② 放弃(U)。恢复在命令中执行的上一个操作。

③ 多段线(P)。按照当前倒角的大小对整条多段线倒角。输入"P"并回车，AutoCAD 2020 显示：

选择二维多段线：

选取多段线后，就会在多段线的各个顶点处倒角。

④ 距离(D)。用来确定倒角时的倒角距离。输入"D"并回车，AutoCAD 2020 提示：

指定第一个倒角距离<10.0000>:　　　　　　　（输入第一条边的倒角距离值）

指定第二个倒角距离<同第一倒角距离>:　　　　（输入第二条边的倒角距离值）

选择第一条直线或 [放弃(U)/多段线(P)/距离(D)/角度(A)/修剪(T)/方式(E)/多个(M)]:（点击第一条边）

选择第二条直线，或按住 Shift 键选择直线以应用角点或[距离(D)/角度(A)/方法(M)]:（点击第二条边）

⑤ 角度(A)。根据第一条边的倒角距离和一个角度值进行倒角。输入"A"并回车，AutoCAD 2020 提示：

指定第一条直线的倒角长度<20.0000>:　　　　　（输入第一条边的倒角距离）

指定第一条直线的倒角角度<0>:　　　　　　　　（输入一个角度值）

选择第一条直线或[放弃(U)/多段线(P)/距离(D)/角度(A)/修剪(T)/方式(E)/多个(M)]:

选择第二条直线，或按住 Shift 键选择直线以应用角点或[距离(D)/角度(A)/方法(M)]:

⑥ 修剪(T)。确定倒角时是否对相应的倒角边进行修剪。输入"T"并回车，AutoCAD 2020 提示：

输入修剪模式选项[修剪(T)/不修剪(N)]<修剪>:

选择第一条直线或 [放弃(U)/多段线(P)/距离(D)/角度(A)/修剪(T)/方式(E)/多个(M)]:

选择第二条直线，或按住 Shift 键选择直线以应用角点或[距离(D)/角度(A)/方法(M)]:

• 选择"修剪"，表示倒角后对倒角边进行修剪。

• 选择"不修剪"，表示倒角后对倒角边不进行修剪。默认项为"修剪"。

⑦ 方式(E)。用于确定按什么方式倒角。输入"E"并回车，AutoCAD 2020 提示：

输入修剪方法[距离(D)/角度(A)]<角度>：

选择第一条直线或 [放弃(U)/多段线(P)/距离(D)/角度(A)/修剪(T)/方式(E)/多个(M)]：

选择第二条直线，或按住 Shift 键选择直线以应用角点或[距离(D)/角度(A)/方法(M)]：

其中，各选项的含义分别解释如下：

- 距离：输入"D"并回车，按已确定的两条边的倒角距离进行倒角。
- 角度：输入"A"并回车，按已确定的一条边倒角距离和一个角度值进行倒角。

⑧ 多个(M)。对多个对象进行倒角。输入"M"并回车，AutoCAD 2020 提示：

选择第一条直线或 [放弃(U)/多段线(P)/距离(D)/角度(A)/修剪(T)/方式(E)/多个(M)]：

选择第二条直线，或按住 Shift 键选择直线以应用角点或[距离(D)/角度(A)/方法(M)]：

以上的提示反复出现，直到按回车键结束。

在倒角的操作过程中，需要先设置倒角距离。如果倒角的距离太大，则不倒角；如果倒角的距离为零，也不产生倒角，或者是将不相交的对象延长相交。

【示例3-18】 倒角命令的使用方法。

(1) 如图 3-54 所示，在第一条直线和第二条直线之间作倒角，倒角距离为 20，操作如下：

命令：CHAMFER✓

（"修剪"模式)当前倒角距离 1 = 10.0000，距离 2 = 10.0000

选择第一条直线或[放弃(U)/多段线(P)/距离(D)/角度(A)/修剪(T)/方式(E)/多个(M)]：D✓ (设置倒角距离)

指定第一个倒角距离：<10.0000>：20✓　　　　　(输入第一条边的倒角距离值20)

指定第二个倒角距离：<60.0000>：20✓　　　　　(输入第二条边的倒角距离值20)

选择第一条直线或 [放弃(U)/多段线(P)/距离(D)/角度(A)/修剪(T)/方式(E)/多个(M)]：(选取第一条直线)

选择第二条直线，或按住 Shift 键选择直线以应用角点或[距离(D)/角度(A)/方法(M)]：(选取第二条直线，命令结束)

图 3-54　倒角命令使用前

倒角后的图形如图 3-55 所示。

图 3-55　倒角命令使用后

(2) 如图 3-56 所示，对矩形的 4 个边角作倒角，倒角距为 40。操作如下：

命令：CHAMFER↙

("修剪"模式) 当前倒角距离 1＝60.0000，距离 2＝60.0000

选择第一条直线或 [放弃(U)/多段线(P)/距离(D)/角度(A)/修剪(T)/方式(E)/多个(M)]：D↙(设置倒角距)

　　指定第一个倒角距离 <60.0000>：40↙　　　　　　　(输入第一条边的倒角距离值 40)

　　指定第二个倒角距离 <40.0000>：40↙　　　　　　　(输入第二条边的倒角距离值 40)

　　选择第一条直线或 [放弃(U)/多段线(P)/距离(D)/角度(A)/修剪(T)/方式(E)/多个(M)]：P↙(选择多段线倒角)

　　选择二维多段线：　　　　　　　　　　　　　　　　(选择矩形，命令结束)

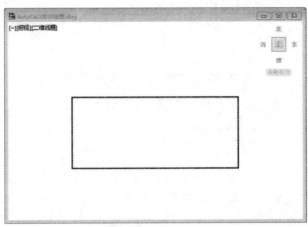

图 3-56　矩形做倒角前

同时对矩形的四个角作倒角，如图 3-57 所示。

使用倒角命令时，选择对象的单击点位置不同，其效果也不同。AutoCAD 2020 总是在单击点附近的位置作倒角，保留单击点附近位置的线段；而其他位置的线段有可能会被删除。

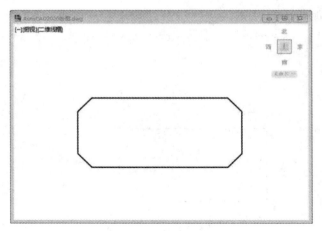

图 3-57　矩形做倒角后

(3) 如图 3-58 所示，单击 A 点和 B 点处的线段被保留，其余的线段被删除，倒角距离为 30，操作如下：

命令：CHAMFER↙

("修剪"模式)当前倒角距离 1 = 10.0000，距离 2 = 10.0000

选择第一条直线或[放弃(U)/多段线(P)/距离(D)/角度(A)/修剪(T)/方式(E)/多个(M)]：D↙(设置倒角距离)

指定第一个倒角距离：<10.0000>：30↙　　　　　(输入第一条边的倒角距离值 30)

指定第二个倒角距离：<60.0000>：30↙　　　　　(输入第二条边的倒角距离值 30)

选择第一条直线或 [放弃(U)/多段线(P)/距离(D)/角度(A)/修剪(T)/方式(E)/多个(M)]：(点击 A 点)

选择第二条直线，或按住 Shift 键选择直线以应用角点或[距离(D)/角度(A)/方法(M)]：(点击 B 点)

图 3-58　倒角命令的单击点位置

3.2.18　圆角命令

圆角命令可以利用指定半径的圆弧把两个对象连接起来。如果两个对象不相交的话，该命令可以用来连接两个对象；如果圆弧半径为 0，该命令将不产生圆弧，而是将两个对象拉伸直至相交。圆角命令适用于直线、多段线顶点及整个多段线、圆弧和圆等各种对象。

(1) 命令输入。

圆角命令的几种操作方式如下：

功能区：单击"修改"面板中的"圆角"多选按钮 ，选择"圆角"按钮。

工具栏：单击"修改"工具栏中的"圆角"按钮。

命令行：FILLET 或 F✓。

下拉菜单："修改"→"圆角"。

(2) 操作说明。

> 命令：FILLET✓
>
> 当前模式：模式 = 修剪，半径 = 0
>
> 选择第一个对象或 [放弃(U)/多段线(P)/半径(R)/修剪(T)/多个(M)]:

上述提示含有多种选择，分别说明如下：

① 选择第一个对象。直接点取第一条线，则 AutoCAD 2020 提示：

> 选择第二个对象：

在此提示下，选取另外一条线，AutoCAD 2020 就会按指定的圆弧半径值对这两条线作圆角。其中，圆弧半径值由下面的选项④来完成。

② 放弃(U)。恢复在命令中执行的上一个操作。

③ 多段线(P)。按照当前圆角半径的大小对整条多段线作圆角。输入"P"并回车，AutoCAD 2020 显示：

> 选择二维多段线求[半径(R)]:

选取多段线后，就会在多段线的各个顶点处作圆角。

④ 半径(R)。用来确定作圆角的圆弧半径值。输入"R"并回车，AutoCAD 2020 提示：

> 指定圆角半径 <0.0000>:　　　　　　　　(输入圆角半径值)
>
> 选择第一个对象或 [放弃(U)/多段线(P)/半径(R)/修剪(T)/多个(M)]:
>
> 选择第二个对象，或按住 Shift 键选择要应用角点的对象：

⑤ 修剪(T)。确定作圆角时是否对相应的圆角边进行修剪。输入"T"并回车，AutoCAD 2020 提示：

> 输入修剪模式选项[修剪(T)/不修剪(N)]<修剪>:

- 选择"修剪"，表示作圆角后对圆角边进行修剪。
- 选择"不修剪"，表示作圆角后对圆角边不进行修剪。默认项为"修剪"。

⑥ 多个(M)。对多个对象做圆角。输入"M"并回车，AutoCAD 2020 提示：

> 选择第一个对象或 [放弃(U)/多段线(P)/半径(R)/修剪(T)/多个(M)]:
>
> 选择第二个对象，或按住 Shift 键选择要应用角点的对象：

以上提示反复出现，直到按回车键结束。

圆角命令的操作和倒角命令基本相同，而它们的不同是圆角命令不仅可以设置半径，而且还可以对两条平行直线进行圆角处理，圆角的半径就是两条平行线之间距离的一半。

【示例 3-19】 圆角命令的使用方法。

(1) 如图 3-59 所示，在第一条直线和第二条直线之间作圆角，圆角半径 30，操作如下：

> 命令：FILLET✓

当前设置：模式=修剪，半径=0.0000

选择第一个对象或 [放弃(U)/多段线(P)/半径(R)/修剪(T)/多个(M)]：R✓(选择半径选项)

指定圆角半径 <0.0000>：30✓　　　　　　　　　　　　　(输入圆角半径值)

选择第一个对象或 [放弃(U)/多段线(P)/半径(R)/修剪(T)/多个(M)]：(点取第一条直线)

选择第二个对象，或按住 Shift 键选择要应用角点的对象：当前模式：(点取第二条直线，命令结束)

图 3-59　圆角命令使用前

作圆角后的图形如图 3-60 所示。

图 3-60　圆角命令使用后

(2) 如图 3-61 所示，对一个矩形的四个顶角作圆角，圆角半径为 20。操作如下：

命令：FILLET✓

当前设置：模式=修剪，半径=0.0000

选择第一个对象或 [放弃(U)/多段线(P)/半径(R)/修剪(T)/多个(M)]：R✓　　　(选择半径选项)

指定圆角半径 <0.0000>：20✓　　　　　　　　　　　　(输入圆角半径值)

选择第一个对象或 [放弃(U)/多段线(P)/半径(R)/修剪(T)/多个(M)]：P✓(选择多段线圆角)

选择二维多段线：　　　　　　　　　　　　　　　(选择矩形，命令结束)

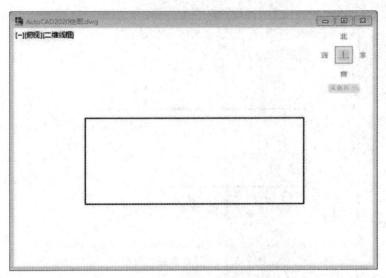

图 3-61　矩形做圆角前

作圆角后的图形如图 3-62 所示。

图 3-62　矩形做圆角后

(3) 如图 3-63 所示，在两条平行直线的右端做圆角，两条平行直线之间的距离是 60，圆角半径为 30。操作如下：

命令：FILLET✓

当前设置：模式＝修剪，半径＝0.0000

选择第一个对象或 [放弃(U)/多段线(P)/半径(R)/修剪(T)/多个(M)]：R✓　　　(选择半径选项)

指定圆角半径 <0.0000>：30✓　　　　　　　　　　　　　　(输入圆角半径值)

选择第一个对象或 [放弃(U)/多段线(P)/半径(R)/修剪(T)/多个(M)]：　　(点取第一条直线)

选择第二个对象，或按住 Shift 键选择要应用角点的对象：当前模式：(点取第二条直线，命令结束)

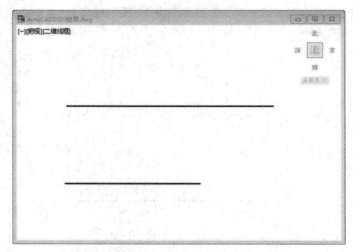

图 3-63　平行直线做圆角前

作圆角后的图形如图 3-64 所示。

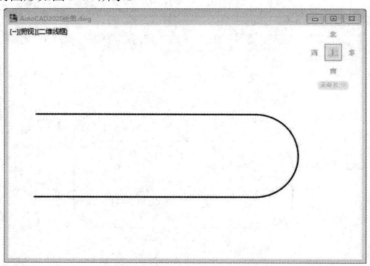

图 3-64　平行直线做圆角后

使用圆角命令时，选择对象的单击点位置不同，其效果也不同。AutoCAD 2020 总是在单击点附近的位置做圆角，保留单击点附近位置的线段；而其他位置的线段有可能会被删除。

(4) 如图 3-65 所示，单击 A 点和 B 点处的线段被保留，其余的线段被删除。图中的圆角半径为 30，操作如下：

命令：FILLET↙

当前设置：模式=修剪，半径=0.0000

选择第一个对象或 [放弃(U)/多段线(P)/半径(R)/修剪(T)/多个(M)]：R↙　　　(选择半径选项)

指定圆角半径 <0.0000>：30↙　　　　　　　　　　　　(输入圆角半径值)

选择第一个对象或 [放弃(U)/多段线(P)/半径(R)/修剪(T)/多个(M)]：　　　(点击 A 点)

选择第二个对象，或按住 Shift 键选择要应用角点的对象：　　　　　(点击 B 点，命令结束)

图 3-65　圆角命令的单击点位置

3.2.19　光顺曲线

该命令可以在两对象的端点处创建相切或平滑的样条曲线，对象包括直线、圆弧、椭圆弧、螺旋、开放的多段线和开放的样条曲线。创建的光顺曲线默认是以相切的形式连接两个图形对象。

(1) 命令输入。

光顺曲线的几种操作如下：

功能区：单击"修改"面板中的"圆角"多选按钮，选择"光顺曲线"按钮。

工具栏：单击"修改"工具栏中的"光顺曲线"按钮。

命令行：BLEND 或 BLE↙。

下拉菜单："修改"→"光顺曲线"。

(2) 操作说明。

命令：BLEND↙

选择第一个对象或[连续性(CON)]:　　　　　　(选择第一个对象的端点或选项)

选择第二个点:　　　　　　　　　　　　　　(选择要连接的对象端点)

如果选择"连续性(CON)"选项，系统提示：

输入连续性[相切(T)/平滑(S)]<相切>:

如果选择"相切"，将会创建一条三阶样条曲线，在连接处具有相切连续性；如果选择"平滑"，则会创建一条五阶样条曲线，在连接处具有曲率连续性。

【示例 3-20】　如图 3-66 所示，将 A 点和 B 点所在的线段光滑连接起来。

命令：BLEND↙

选择第一个对象或[连续性(CON)]:　　　　　　(选择对象端点 A)

选择第二个点:　　　　　　　　　　　　　　(选择要连接的对象端点 B，命令结束)

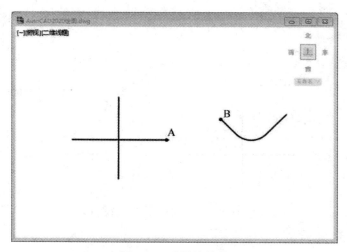

图 3-66　光滑连接前

光滑连接后的图形如图 3-67 所示。

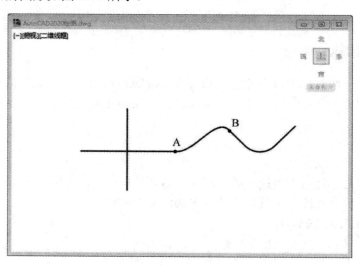

图 3-67　光滑连接后

3.2.20　分解命令

使用分解命令可以将合成对象分解成部件对象，对于矩形和规则多边形(例如等边三角形、正方形、五边形、六边形等)，可以使用分解命令将多段线对象转换为直线。

(1) 命令输入。

分解命令的几种操作方式如下：

功能区：单击"修改"面板中的"分解"按钮🔲。

工具栏：单击"修改"工具栏中的"分解"按钮🔲。

命令行：EXPLODE 或 X↙。

下拉菜单："修改"→"分解"。

(2) 操作说明。

命令：EXPLODE↙

选择对象：　　　　　　　　　　(选取要分解的对象)

选择对象：↙　　　　　　　　　 (结束)

【示例 3-21】　如图 3-68 所示，要删除正六边形上面的一条边，无法直接删除，要先将它分解为六条直线，再将上面的一条直线删除，过程如下：

命令：EXPLODE↙

选择对象：　　　　　　　　　　(选取正六边形)

选择对象：↙　　　　　　　　　 (结束)

命令：ERASE↙　　　　　　　　 (使用删除命令)

选择对象：　　　　　　　　　　(点击 A 点)

选择对象：↙　　　　　　　　　 (结束)

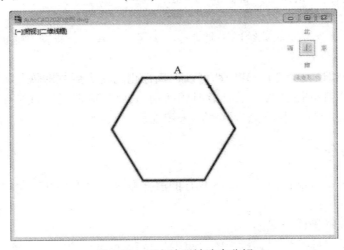

图 3-68　正六边形被选中分解

分解删除后的图形如图 3-69 所示。

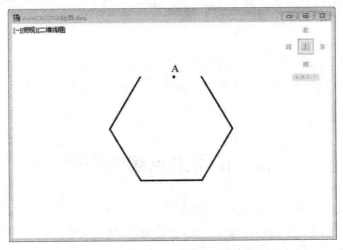

图 3-69　一条边被删除

3.2.21　放弃命令

使用放弃命令可以撤销上一个操作。

(1) 命令输入。

放弃命令的几种操作方式如下：

工具栏：单击"快速访问"工具栏中的"放弃"按钮 。

命令行：UNDO 或 U↙。

下拉菜单："编辑"→"放弃"。

(2) 操作说明。

命令：UNDO↙

这时，前一次的操作即被放弃。用户可以根据需要多次输入放弃命令，每输入一次放弃命令，则向前取消一条命令，直到满意为止。

使用放弃命令时，应注意以下两点：

① 使用放弃命令可以取消绘图工具命令，如栅格、单位、正交、捕捉等，但从图形上看不出什么变化。

② 放弃命令和恢复命令(OOPS)都可以在执行删除命令后立即恢复被删除的图形。但是，恢复命令可以在删除图形之后任意时间使用(只要在这期间没有执行另外一个删除命令)，而放弃命令则按照已执行的步骤一步一步地反向执行。

3.2.22　重做命令

使用重做命令可以撤销前一个刚刚执行的放弃命令，重做被其撤销掉的命令。

(1) 命令输入。

重做命令的几种操作方式如下：

工具栏：单击"标准"工具栏中的"重做"按钮 。

命令行：REDO 或 R↙。

下拉菜单："编辑"→"重做"。

(2) 操作说明。

命令：REDO↙

在"重做命令(REDO)"之后，再使用"放弃命令(UNDO)"，又可以重做前面的"放弃命令(UNDO)"。所以利用"重做命令"和"放弃命令"的配合，可以控制"放弃命令"的范围。

3.3　使用夹点编辑图形

前面介绍了 AutoCAD 2020 的一些基本编辑命令，例如图形的复制、移动和旋转等。除了以上各种方法以外，AutoCAD 2020 还提供了夹点编辑功能，它可以很方便地对图形进行移动、镜像、旋转、缩放和拉伸等操作。

3.3.1　夹点的概念

在使用 AutoCAD 2020 进行图形编辑时，可以先输入编辑命令，然后选择执行该命令的图形对象；也可以先选择图形对象，然后再执行命令。在后一种方式中，当选择了图形对象以后，被选择的图形对象将变成虚像显示的形式，并且沿着线框出现一些带有颜色的小方框。这些小方框是图形对象的特征点，我们称之为"夹点"，夹点就是对象上的控制点，如图 3-70 所示。我们可以拖动这些夹点快速地拉伸、移动、旋转、缩放或镜像所选对象。

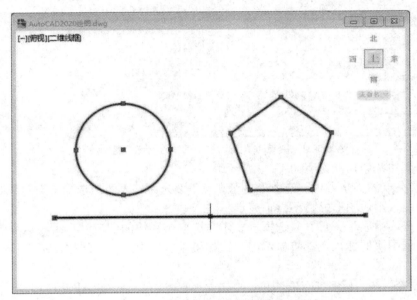

图 3-70　图线上的夹点

图形对象的夹点具有三种状态：冷态夹点、热态夹点和悬停夹点。冷态夹点是指未被激活的夹点；热态夹点是指被激活的夹点，我们可以对热态夹点进行夹点的编辑操作。选择一个图形对象后，图形线框上将出现若干个小方框，并且颜色(例如"蓝色")相同，这就是冷夹点。如果用鼠标的左键来点击这些冷夹点中的某一个，则该夹点转变为热夹点，并且以高亮的另外一种颜色(例如"红色")表示出来，以便区别于冷夹点。默认状态下，未选中夹点(冷夹点)的颜色是蓝色，选中夹点(热夹点)的颜色是红色，悬停夹点(鼠标停留在夹点上)的颜色是绿色。

图形对象夹点的设置如下。

(1) 命令输入。

设置图形对象夹点的几种操作方式如下：

命令行：OPTIONS✓。

下拉菜单："工具" → "选项"。

(2) 操作说明。

　　命令：OPTIONS✓

AutoCAD 2020 弹出"选项"对话框，选中"选择集"选项卡，如图 3-71 所示。

图 3-71　"选项"对话框中的"选择集"选项卡

该对话框的各项功能说明如下：

① 设置夹点的显示方式。选中"显示夹点"复选框，表示在选择图形对象时，图形上显示出夹点；否则，图形上将不显示夹点。

选中"在块中显示夹点"复选框，表示在选取带图块的图形时，组成这个图块的所有图形的夹点和图块的插入点都将显示出来。如果没有选中这个复选框，那么只显示该图块的插入点。

② 设置冷、热、悬停夹点的颜色。点击"夹点颜色"，AutoCAD 2020 将打开"夹点颜色"对话框，可以从中选择"未选中夹点颜色""选中夹点颜色""悬停夹点颜色"及"夹点轮廓颜色"，如图 3-72 所示。

图 3-72　"夹点颜色"对话框

③ 设置夹点方框的大小。"夹点尺寸"选项用来设置夹点方框的大小。用鼠标沿左右方向拖动滚动条，可以设置并预览夹点方框的大小。

3.3.2　使用夹点对图形进行编辑

在 AutoCAD 2020 中，可以使用夹点对图形对象进行拉伸、移动、旋转、缩放和镜像等操作。

1. 夹点编辑操作方式

用鼠标选中一个图形对象,使其显示出冷夹点(如蓝色的点),单击某一冷夹点,该夹点就变为热夹点(如红色的点),然后就可以进行编辑操作了。AutoCAD 2020 提供了四种方式来进行编辑操作,分别介绍如下:

(1) 直接按回车键。

AutoCAD 2020 在命令行中显示为何种操作并显示其选项,这时可以连续按回车键以选择所需的编辑命令,操作方法如下所示:

```
  ** 拉伸 **
  指定拉伸点或 [基点(B)/复制(C)/放弃(U)/退出(X)]:       (按回车切换到下一个编辑命令)
  ** 移 动 **
  指定移动点或 [基点(B)/复制(C)/放弃(U)/退出(X)]:       (按回车切换到下一个编辑命令)
  ** 旋 转 **
  指定旋转角度或 [基点(B)/复制(C)/放弃(U)/参照(R)/退出(X)]:  (按回车切换到下一个编辑命令)
  ** 比例缩放 **
  指定比例因子或 [基点(B)/复制(C)/放弃(U)/参照(R)/退出(X)]: (按回车切换到下一个编辑命令)
  ** 镜 像 **
  指定第二点或 [基点(B)/复制(C)/放弃(U)/退出(X)]:       (按回车切换到下一个编辑命令)
  ** 拉 伸 **
  指定拉伸点或 [基点(B)/复制(C)/放弃(U)/退出(X)]:       (各编辑命令循环切换,已循环了一周)
```

(2) 直接按空格键,其方法和内容与序号(1)完全相同。

(3) 输入编辑命令的前两个字母,比如“ST”“MO”“RO”“SC”和“MI”等。

(4) 当激活一个夹点时,在选中的夹点上单击鼠标右键,将打开夹点快捷菜单,此菜单列出了选中夹点能够进行的操作项,如图 3-73 所示。

图 3-73　夹点编辑快捷菜单

2. 夹点编辑命令的操作方法

当激活一个夹点并按回车键(或空格键)选择了所需的编辑命令后，就可以进行编辑操作了。

(1) 拉伸命令(STRETCH)。

选择拉伸命令后，提示如下：

拉伸

指定拉伸点或[基点(B)/复制(C)/放弃(U)/退出(X)]:

各个选项的内容分别解释如下：

① 指定拉伸点。确定拉伸以后夹点的新位置。可以直接使用鼠标或输入新点的坐标值来确定。

② 基点(B)。确定新的基点。可以重新确定新的基点，而不是原来所指定的夹点。

③ 复制(C)。进行拉伸复制。拉伸复制是指原来选中的并且带有热夹点的图形大小保持不变，在此基础上复制多个相同的图形，并且这些图形都被拉伸。

④ 放弃(U)。取消上一次的"基点"或"复制"操作。

⑤ 退出(X)。退出拉伸命令。

并非所有的图形都能进行拉伸编辑。当选择不支持拉伸操作的夹点(如直线的中点、圆心、文本和图块的插入点)时，往往不是拉伸操作，而是移动图形。另外，"拉伸夹点编辑"和"拉伸命令"很相似，但不完全相同。"拉伸命令"是通过选择部分图形来拉伸的，而"拉伸夹点编辑"是通过选择某个热夹点来拉伸的。"拉伸命令"需要确定拉伸基点，而"拉伸夹点编辑"是将热夹点作为拉伸基点。

【**示例 3-22**】 把一个五边形的顶点从 A 点拉伸到 B 点，五边形发生变形。如图 3-74 所示是正在使用拉伸命令编辑图形的过程，图 3-75 所示是最后的结果。

图 3-74 五边形被拉伸过程中

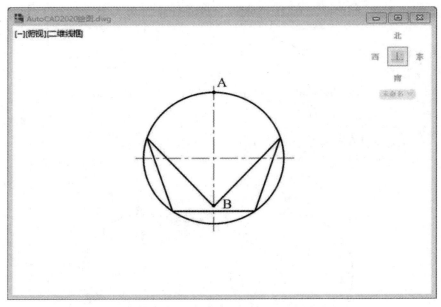

图 3-75　五边形被拉伸后

具体过程如下：

选中五边形，五边形变为虚像显示，出现蓝色的冷夹点，点击五边形的顶点 A 点，使它变为红色的热夹点。向下移动鼠标到 B 点，点击一下。

　　拉伸

　　指定拉伸点或[基点(B)/复制(C)/放弃(U)/退出(X)]：　　　　　　(点击 B 点)

按"Esc"键，退出拉伸命令。

(2) 移动命令(MOVE)。

选择移动命令后，提示如下：

　　移动

　　指定移动点或[基点(B)/复制(C)/放弃(U)/退出(X)]：

各个选项的内容分别解释如下：

① 指定移动点。确定移动以后夹点的新位置。可以直接使用鼠标或输入点的坐标值来确定。

② 基点(B)。确定新基点。可以重新确定新的基点，而不是原来所指定的夹点。

③ 复制(C)。进行移动复制。允许进行多次移动复制。

④ 放弃(U)。取消上一次的"基点"或"复制"操作。

⑤ 退出(X)。退出移动命令。

对于结构简单、线条单一的图形，使用"移动夹点编辑"比用"移动命令"简捷有效；但是，对于比较复杂的图形，使用"移动命令"会更合适一些。

【示例 3-23】 将一个五边形从左边的圆内移动到右边的圆内，如图 3-76 所示是五边形正在移动的过程，图 3-77 所示是移动后的结果。操作如下：

选中五边形，五边形变为虚像显示，出现蓝色的冷夹点，点击五边形的顶点 A 点，使它变为红色的热夹点。向右移动鼠标到 B 点，点击一下。

** 拉伸 **

指定拉伸点或[基点(B)/复制(C)/放弃(U)/退出(X)]：✓　　　　(按回车，使用移动命令)

** 移动 **

指定移动点或 [基点(B)/复制(C)/放弃(U)/退出(X)]：　　　　(点击 B 点)

按"Esc"键，退出移动命令。

图 3-76　五边形移动中

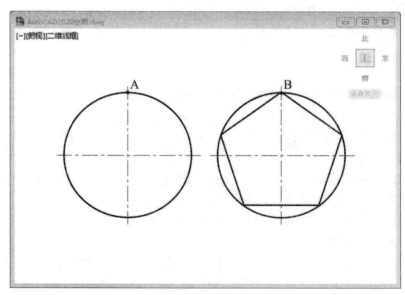

图 3-77　五边形移动后

(3) 旋转命令(ROTATE)。

选择旋转命令后，提示如下：

旋转

指定旋转角度或[基点(B)/复制(C)/放弃(U)/参照(R)/退出(X)]:

各个选项的内容分别解释如下:

① 指定旋转角度。确定旋转角度。可以直接输入要旋转的角度值,也可以使用拖动方式来确定相对角度值,然后将所选择的图形对象以热夹点为中心点旋转相应的角度。

② 基点(B)。确定新的基点。可以重新确定新的基点,而不是原来所指定的夹点。

③ 复制(C)。进行旋转复制。允许进行多次复制旋转图形。

④ 放弃(U)。取消上一次的"基点"或"复制"操作。

⑤ 参照(R)。确定相对参考角度。可以输入一个具体的角度值作为参考,也可以选择某一图形上的两个点作为参考。

⑥ 退出(X)。退出旋转命令。

【示例 3-24】 将一个倒置五角星旋转成正向五角星,如图 3-78 所示是倒置五角星被选中后变为虚像显示,实线五角星是正处于旋转过程中,图 3-79 所示是旋转后的结果,变为正向的五角星。操作如下:

选中倒置五角星,五角星变为虚像显示,出现蓝色的冷夹点,点击五角星最下面的一个顶点,使它变为红色的热夹点。输入"B"选择"基点"选项,选取基点 A 点确定旋转中心,输入旋转角度 180°。

拉伸

指定拉伸点或[基点(B)/复制(C)/放弃(U)/退出(X)]: ↙　　　　(反复按回车,直到出现以下提示)

旋转

指定旋转角度或[基点(B)/复制(C)/放弃(U)/参照(R)/退出(X)]: B↙ (选择"基点"选项)

指定基点:　　　　　　　　　　　　　　　　　　　　　　(点击圆心 A 点)

** 旋转 **

指定旋转角度或 [基点(B)/复制(C)/放弃(U)/参照(R)/退出(X)]: 180↙　(旋转 180°)

按"Esc"键,退出旋转命令。

图 3-78　对"倒置五角星"作旋转

图 3-79　旋转结果为"正向五角星"

(4) 缩放命令(SCALE)。

选择缩放命令后，提示如下：

　　比例缩放

　　指定比例因子或[基点(B)/复制(C)/放弃(U)/参照(R)/退出(X)]:

各个选项的内容分别解释如下：

① 指定比例因子。输入缩放比例系数。可以直接输入一个比例系数值，也可以使用拖动方式来确定相应的比例系数值。当比例系数大于"1"时，将放大图形；当比例系数小于"1"大于"0"时，将缩小图形。

② 基点(B)。确定新基点。可以重新确定新的基点，而不是原来所指定的夹点。

③ 复制(C)。进行缩放复制。允许进行多次复制缩放图形。

④ 放弃(U)。取消上一次的"基点"或"复制"操作。

⑤ 参照(R)。确定相对参考比例系数。根据相对参考长度值和新长度值的比值，来确定参考比例值的大小。

⑥ 退出(X)。退出比例缩放命令。

【示例 3-25】 将图 3-80 所示的五角星缩小一半，如图 3-81 所示。图中大圆直径是小圆直径的 2 倍，圆心在 A 点，将五角星以 A 点为基点缩小一半。操作如下：

选中图中的五角星，五角星的各条边变为虚像显示，出现蓝色的冷夹点，点击五角星的一个冷夹点，使它变为红色的热夹点。输入"B"选择"基点"选项，选取基点 A 点作为缩放中心，输入比例因子 0.5。

　　拉伸

　　指定拉伸点或[基点(B)/复制(C)/放弃(U)/退出(X)]: ↙　　　　　　　(反复按回车，直到出现以下提示)

　　比例缩放

　　指定比例因子或[基点(B)/复制(C)/放弃(U)/参照(R)/退出(X)]: B↙ (选择"基点"选项)

　　指定基点:　　　　　　　　　　　　　　　　　　　　　(点击圆心 A 点)

　　** 比例缩放 **

指定比例因子或 [基点(B)/复制(C)/放弃(U)/参照(R)/退出(X)]: 0.5✓(输入比例因子 0.5，五角星缩小一倍)

按 "Esc" 键，退出缩放命令。

图 3-80 选中要缩放的五角星

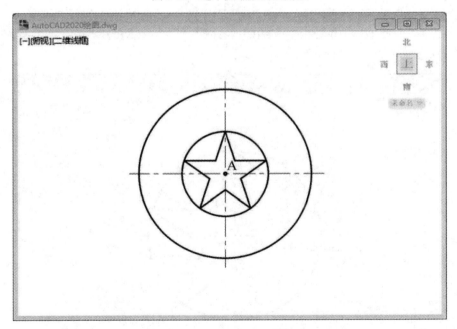

图 3-81 缩小后的五角星

(5) 镜像命令(MIRROR)。

选择镜像命令后，提示如下：

　　镜像

指定第二点或[基点(B)/复制(C)/放弃(U)/退出(X)]:

各个选项的内容分别解释如下：

① 指定第二点。确定镜像线的另一个端点。可以直接使用鼠标或输入点的坐标值来确定。镜像线的第一个端点就是开始选择的热夹点。然后以这两个点的连线作为镜像线，进行镜像操作，可以沿临时镜像线为选定对象创建镜像。打开"正交"有助于指定垂直或水平的镜像线。镜像完成后，源对象被删除。

② 基点(B)。重新确定镜像线的第一个端点。可以选择其他任意的点，而不是原来所指定的夹点。

③ 复制(C)。进行镜像复制。允许进行多次复制镜像图形。

④ 放弃(U)。取消上一次的"基点"或"复制"操作。

⑤ 退出(X)。退出镜像命令。

【示例 3-26】 如图 3-82 所示，把右边的线段沿中心垂直线向左边做镜像。镜像前，只有右边的线段；镜像后，形成一个完整的五角星，如图 3-83 所示，其中 A 点和 B 点的连线为镜像线。操作如下：

选中右边的五段直线，直线以虚像显示，出现蓝色的冷夹点，点击一个冷夹点 A 点，使它变为红色的热夹点。输入"C"选项，使用复制方式做镜像，点击 B 点。

```
**拉伸**
指定拉伸点或[基点(B)/复制(C)/放弃(U)/退出(X)]：✓          (反复按回车，直到出现以下提示)
** 镜像 **
指定第二点或 [基点(B)/复制(C)/放弃(U)/退出(X)]：C✓        (输入 C 选项，选择复制方式)
指定第二点或 [基点(B)/复制(C)/放弃(U)/退出(X)]：          (点击 B 点)
```

按"Esc"键，退出镜像命令。

图 3-82　右半五角星做镜像过程

图 3-83　五角星做镜像后

思考与练习

1. 用 AutoCAD 2020 绘制图 3-84 所示的图形。

图 3-84

2. 用 AutoCAD 2020 绘制图 3-85 所示的图形。

图 3-85

3. 用 AutoCAD 2020 绘制图 3-86 所示的图形。

图 3-86

第 4 章　图形管理与视图显示控制

思政目标

通过常用图形管理与视图显示控制命令的学习，学会设置图层、图界、图形观察和输出。工程图样以前输出是依靠手工画图、描图、晒图，随着技术的发展，输出除了打印出图，还可以电子显示，实现生产过程的可视化，有利于预防设计缺陷。图纸显示和输出手段发生了巨大的变化，在设计工作中也要与时俱进，养成学习意识、发展意识、进步意识。在生活中也要不断追求发展进步，要积极学习，主动适应社会发展，不断提高自己的能力，做一名与时俱进的新时代的青年。

4.1　设置图形单位与界限

4.1.1　设置图形单位

图形单位是设计中必须考虑的要素，AutoCAD 2020 中创建的所有对象都是根据图形单位进行测量的。为了适应不同行业与领域的需要，AutoCAD 2020 中设置了包括毫米、厘米、英尺、英寸等十多种图形单位以供选择。在开始绘图前，应根据实际工程需要，先确定图形单位。

(1) 命令输入。

设置图形单位的几种操作方式如下：

下拉菜单："格式"→"单位"。

命令行：UNITS✓。

(2) 操作说明。

执行以上操作之后，AutoCAD 2020 可以打开如图 4-1 所示的"图形单位"对话框，在该对话框中可以设置绘图时使用的长度单位、角度单位以及单位的显示格式和精度等参数。下面对"图形单位"对话框中的选项进行说明。

① 长度。在"长度"选项区域中，可以分别在"类型"和"精度"下拉列表框中设置图形测量单位的显示格式和精度。

图 4-1　"图形单位"对话框

· 类型：指定长度显示的格式，包括"建筑""小数""工程""分数"和"科学"。其中，"工程"和"建筑"格式提供英尺和英寸显示，并假定每个图形单位表示一英寸。

　　· 精度：用于设置线性测量值显示的小数位数或分数大小。

　　② 角度。在"角度"选项区域中，可以指定角度类型和角度显示的精度。

　　类型：用于设置角度的显示格式，包括十进制度数、百分度、弧度、度/分/秒和勘测单位。

　　精度：用于设置角度的显示精度。

　　顺时针：用于控制按顺时针方向还是逆时针方向为测量正向，默认以逆时针方向为角度测量的正向。

　　③ 插入时的缩放单位。插入时的缩放单位用于控制插入到当前图形中的块和图形的比例。如果插入的块或图形在创建时使用的单位与当前图形中使用的单位不同，插入比例值将更正该不匹配问题。如果不希望对块或图形进行缩放，需要指定"无单位"。如果在源块或目标图形中，插入时的缩放单位设置为"无单位"，AutoCAD 2020 将参照"源内容单位"和"目标图形单位"设置来确定缩放比例，这些设置位于"选项"对话框的"用户系统配置"选项卡中。

　　④ 方向。在"图形单位"对话框中，单击"方向(D)…"按钮，可以打开"方向控制"对话框，设置基准角度(0°)的方向，如图 4-2 所示。默认情况下，基准角度即 0° 为东。在"方向控制"对话框中，可以通过选择"东""北""西""南"或"其他"单选按钮来改变测量角度的起始位置。当选择"其他"单选按钮时，可以直接输入角度，或者通过拾取图形中的两个点来确定基准角度的方向。

图 4-2　"方向控制"对话框

4.1.2　设置图形界限

　　AutoCAD 2020 中的绘图空间是无限大的，为了方便在模型空间中布置图形，便于绘图、控制缩放和打印等，需要在 AutoCAD 2020 的绘图空间中设置一个假想的不可见矩形边界，即图形界限，该界限可以限制单击或输入点位置。在世界坐标系下，图形界限由一对二维点确定，即左下角点和右上角点。

　　(1) 命令输入。

　　设置图形界限的几种操作方式如下：

　　下拉菜单："格式"→"图形界限"。

　　命令行：LIMITS✓。

　　(2) 操作说明。

　　执行以上操作之后，系统会提示"指定左下角点"表示给出界限左下角坐标值，输入坐标值并按回车键后，系统提示"指定右上角点"，输入坐标值并按回车键后，图形界限的设置完成，但绘图区域看不到变化。

　　当系统提示"指定左下角点"时，选择"开"或"关"选项，决定能否在图形界限之外指定一点。如果选择"开",表示打开界限检查,此时将无法输入图形界限外的点。因为界限检查只检查输入点,所以对象(例如圆)的某些部分可能会延伸出图形界限。如果选择"关",表示关闭界限检查,用户可以在图形界限之外绘制对象或者指定点,此选项为默认值。

【示例 4-1】　以图形界面左下角点(0, 0),右上角点(420, 297)为范围设置图形界限,并打开图形界限检查,操作如下:

　　　　命令:LIMITS↙

　　　　LIMITS 指定左下角点或[开(ON)/关(OFF)] <0.0000, 0.0000>:↙

　　　　LIMITS 指定右上角点<840.0000, 600.0000>:420, 297↙

4.2　图　层　管　理

为了方便地控制复杂图形的显示和打印等相关特性,AutoCAD 2020 引入图层的概念来管理图形。图层就好像一张张透明的图纸,绘制的图形对象按功能或用途分别绘制在不同的图层上,整个图形就相当于若干个透明图纸上下叠加的效果。

一般情况下,同一图层上的图形具有类似的功能与用途,并且具有相同的线型、颜色、线宽等特性。在开始绘图前,创建一组图层有助于绘图工作的进行。例如在相对简单的机械零件图中,通常按照打印的需要来设置图层,即根据线宽、线型设置粗实线、细实线、中心线等图层;在相对复杂的建筑图纸中,按照图形类型来设置图层,例如可以创建基础、楼层平面、门、装置、电气等图层。在绘图过程中,通过隐藏当前不需要看到的图层,可以降低图形的视觉复杂程度,并提高显示性能。

4.2.1　图层特性管理器

使用图层绘制图形时,新对象的各种特性将默认为随层,即由当前图层的默认设置来决定。在 AutoCAD 2020 中,采用"图层特性管理器"对图层进行管理,在其中可以进行图层的添加、删除和重命名,更改它们的特性,设置布局视口中的特性替代以及添加图层说明等操作。

(1) 命令输入。

对图层特性进行管理的几种操作方式如下:

下拉菜单:"格式"→"图层"。

功能区:"默认"→"图层特性"。

命令行:LAYER↙。

(2) 操作说明。

执行以上操作,打开如图 4-3 所示的"图层特性管理器"对话框。在该对话框的图层列表中,每个图层都包含名称、开、冻结、锁定、打印、颜色、线型、线宽及透明度等特性,在图层列表标题行单击鼠标右键,将列出图层的其他特性,可以根据需要进行勾选。下面对图层特性进行说明。

图 4-3 "图层特性管理器"对话框

① 名称。名称是图层的唯一标识,在默认状态下,新建图层按照图层 1、图层 2 依次递增进行编号,用户可以对图层重命名,使其具有明确的含义。

② 开/关。图标 分别表示打开和关闭选定的图层,单击该图标可以切换状态。图层打开时是可见并且可以打印的;关闭图层后,该图层将不可见且不能打印,即使"打印"列中的设置已打开也是如此。

③ 冻结/解冻。图标 分别表示解冻和冻结选定的图层,单击该图标可以切换状态。冻结图层上的图形对象将不会被显示、打印或重生成,因此在复杂图形中,可以通过冻结图层来提高软件性能并减少重生成时间。对于长期保持不可见的图层,可以冻结该图层;但是对于需要经常切换可见性的图层,建议使用"开/关"设置。

④ 锁定/解锁。图标 分别表示解锁和锁定选定的图层,单击该图标可以切换状态。锁定图层上的图形对象无法修改,因此可以通过锁定选定图层来防止这些图层上的图形对象被意外修改。在模型空间绘图时,将光标悬停在锁定图层中的图形对象上,对象淡入显示并在旁边显示一个小锁图标。

⑤ 打印。图标 用于控制是否打印选定图层,单击该图标可以切换状态。关闭图层打印,该图层上的对象仍将显示。无论"打印"设置怎样设置,已关闭或冻结的图层都不会被打印。打印样式用于指定选定图层的打印样式,但对于颜色相关的打印样式,无法更改与图层关联的打印样式。

⑥ 颜色、线型与线宽。颜色、线型与线宽分别对应图层中相应的特性。要改变某一图层的这些特性,单击该图层对应的颜色、线型和线宽图标,分别打开"选择颜色""选择线型"和"线宽"对话框进行设置。

⑦ 透明度。透明度用于指定选定图层的透明度。单击该图层对应的透明度值,弹出"透明度"对话框,可以在其中指定选定图层的透明度。有效值从 0 到 90,值越大,对象越显得透明。

4.2.2 创建、重命名和删除图层

在默认情况下,系统会创建一个 0 图层,该图层不能被重命名、冻结或删除,但可以改变其他特性。0 图层因具有随层属性,通常不作绘图层使用,仅用来创建块文件。要绘

制图形，需要首先创建新图层。

(1) 创建图层。在"图层特性管理器"对话框中，单击"新建图层"按钮 ，使用默认名称创建图层，新图层将继承图层列表中当前选定图层的状态、颜色、线型、线宽等特性。

(2) 重命名图层。若要更改图层的名称，可以单击该图层的名称，然后输入新的图层名称，并按回车键完成重命名。0 图层不能被重命名。

(3) 删除图层。在图层列表中选择要删除的图层，单击"删除图层"按钮 ，可以删除选择的图层。但是无法删除图层 0 和 Defpoints，包含对象(包括块定义中的对象)的图层，当前图层，在外部参照中使用的图层以及局部已打开图形中的图层。

4.2.3　设置图层颜色

在绘制复杂图形时，可以采用不同的图层来表示不同的组件、功能或者区域。为了易于区分图形中的不同部分，通常对图层设置不同的颜色。默认情况下，图层的颜色实际上是图层中图形对象的颜色，给图层指定颜色，可以轻松识别图形中的每个图层。

若要改变某一图层的颜色，可以在"图层特性管理器"对话框的图层列表中，单击该图层"颜色"列对应的图标，打开"选择颜色"对话框，如图 4-4 所示。在该对话框中可以使用"索引颜色""真彩色"或"配色系统"三个选项卡为图层选择合适的颜色，单击"确定"按钮完成图层颜色设置。

图 4-4　"选择颜色"对话框

4.2.4　设置图层线型

线型是指定给几何图形对象的视觉特性。线型可以是虚线、点划线、文字和符号形式，也可以是未打断或连续形式。在 AutoCAD 2020 中，既有简单线型，也有一些特殊符号组成的复杂线型，可以满足不同国家和不同行业标准的要求。

(1) 设置图层线型。在默认情况下，图层的线型为 Continuous。若要改变图层的线型，可以在"图层特性管理器"对话框的图层列表中，单击该图层"线型"列对应的线型名称 Continuous，打开"选择线型"对话框，如图 4-5 所示。在"已加载的线型"列表框中，选择需要的线型，然后单击"确定"按钮，完成图层线型更改。

图 4-5　"选择线型"对话框

（2）加载线型。默认情况下，在图 4-5 所示的"选择线型"对话框列表中仅有 Continuous 一种线型，若需要其他线型，则需要将其添加到"已加载的线型"列表框中。单击"加载"按钮打开"加载或重载线型"对话框，如图 4-6 所示。在"可用线型"列表中选择需要加载的线型，单击"确定"按钮完成线型加载。

图 4-6　"加载或重载线型"对话框

在 AutoCAD 2020 中，线型包含在线型库定义的文件 acad.lin 和 acadiso.lin 中，分别用于英制测量系统和公制测量系统。系统默认加载公制线型库，用户可根据需要，单击图 4-6 "加载或重载线型"对话框中的"文件"按钮，选择合适的线型库。

（3）设置线型比例。在 AutoCAD 2020 中使用各种线型绘图时，除了 Continuous 线型外，每一种线型都是由实线段、空白段、点、文字或符号所组成的序列，在线型定义文件中已定义了这些小段的标准长度。当图形的尺寸不同时，图形中绘制的非连续线型外观将不同。为了使输出显示和打印的线型与图形几何尺寸协调，可以通过改变线型比例系统变量的方法，来放大或缩小所有线型的每一小段的长度。

选择菜单栏中的"格式"→"线型"命令，打开"线型管理器"对话框，如图 4-7 所示。"线型管理器"对话框中显示了用户当前使用的线型和可选择的其他线型。在线型列表中选择某一线型后，单击"当前"按钮，可以将所选择的线型设置为当前线型，并可以在"详细信息"区域选项中设置线型的"全局比例因子"和"当前对象缩放比例"。其中"全局比例因子"用于设置图形中所有线型的比例，"当前对象缩放比例"用于设置当前选中线型的比例。

图 4-7　"线型管理器"对话框

4.2.5　设置图层线宽

　　线宽是指定给图形对象、图案填充、引线和标注等几何图形的特性，其可产生更宽、颜色更深的线条。使用不同宽度的线条来表现对象的大小或类型，可以提高图形的表达能力和可读性，可以通过改变图层线宽创建线宽不同的图形对象。

　　若要设置图层的线宽，可以在"图层特性管理器"对话框的图层列表中，单击该图层"线宽"列对应的线宽数值，打开"线宽"对话框，如图 4-8 所示。在"线宽"列表框中，选择需要的线宽，然后单击"确定"按钮，即可完成该图层线宽的更改。

　　在模型空间中显示的线宽不随缩放比例而变化，默认情况下显示的线宽均为 0.25 mm，不随图层中线宽的变化而改变。要改变线宽的显示状态，可以通过菜单栏"格式"→"线宽"命令，打开"线宽设置"对话框，如图 4-9 所示。勾选"显示线宽"复选框时，AutoCAD 2020 将按照实际线宽显示图像；不勾选该项时，AutoCAD 2020 将以"默认"下拉列表框中的值显示当前线宽，所有线宽的默认显示线宽均为 0.25 mm，在"线宽"列表中可以选择相应的线宽，并在"默认"下拉列表框中改变其默认显示值。

图 4-8　"线宽"对话框

图 4-9　"线宽设置"对话框

4.2.6 切换当前图层和改变对象所在图层

默认情况下，AutoCAD 2020 会在当前图层上绘制所有的新对象。"图层特性管理器"中的绿色标记 ✔ 指示当前图层。在"图层特性管理器"对话框的图层列表中，选择某一图层后，单击"置为当前"按钮 ，则该图层切换为当前图层，新绘制的图形对象位于当前图层。

实际绘图时，为了便于操作，可以通过访问功能区默认选项卡"图层"面板和"特性"面板实现图层切换及图层特性管理，如图 4-10 所示。要变更绘图对象所在图层，可以选择需要切换图层的对象，在"图层控制"下拉列表中选择需要的图层，即可完成图层切换。在"特性"面板中也可以实现图形对象线型、线宽和颜色的变更，新设置的特性将覆盖原来的随层特性，修改后的特性不随图层特性的变化而变化。

图 4-10　功能区默认选项卡"图层"面板和"特性"面板

4.3　视图显示控制

按一定比例、观察位置和角度显示的图形称为视图。在绘图过程中，为了灵活地展现图形的整体效果或局部细节，方便进行对象捕捉或准确地绘制图形实体，需要使用视口、缩放或者平移等命令，改变显示区域和图形对象的大小，以便更准确、详细地绘图。

4.3.1 缩放视图

缩放视图可以增大或减小图形对象的屏幕显示尺寸，同时保持图形对象的真实尺寸不变。因此通过缩放功能可以更好地观察图形的整体大小，也可以观察局部图形，以便更快速、更准确、更细致地绘制图形。

在 AutoCAD 2020 中通常采用鼠标滚轮对视图进行缩放。默认情况下滚动鼠标滚轮，AutoCAD 2020 以当前光标为参照点，对视图进行放大或缩小。除此之外，还可以采用四种方法调用缩放视图工具。

(1) 命令输入。

下拉菜单："视图"→"缩放"(子菜单)。

功能区："视图"→"导航"→"范围"(下拉列表)。

工具栏：缩放工具栏。

命令行：ZOOM(可简写为 Z)✓。

(2) 操作说明。

[全部(A)/中心(C)/动态(D)/范围(E)/上一个(P)/比例(S)/窗口(W)/对象(O)]<实时>：

采用命令行方法执行 ZOOM 缩放命令时，系统在命令行显示选项，提示用户选择需要进行的缩放视图类型。采用下拉菜单、功能区或工具栏方法进行缩放视图操作，将弹出如图 4-11 所示的三种不同工具栏或菜单栏，用户可以根据缩放视图的需要选择合适的缩放命令。

图 4-11　缩放视图工具栏与菜单

ZOOM 命令的选项及图 4-11 所示图标的意义如下：

① 全部(A)：用于将全部图形对象显示在屏幕上。如果各图形对象均没有超出由 LIMITS 命令设置的图形界限，AutoCAD 2020 按照该图纸边界显示，即在绘图窗口中显示绘图界限中的内容。如果有图形对象超出图形界限，则显示范围扩大，以便将超出图形界限的部分也显示在屏幕上。

② 中心(C)：用于重设图形的显示中心和缩放倍数。执行该选项后，需要根据 AutoCAD 2020 的提示，指定缩放的中心点，并输入缩放的比例或高度。按提示执行操作后，AutoCAD 2020 将指定的中心点显示在图形窗口的中心位置，并对图形进行相应放大或缩小。如果在"输入比例或高度："提示下输入缩放比例(数值后跟 x)，则按照该比例缩放图形；如果输入高度值(数值后不跟 x)，则在绘图窗口按照输入的高度值显示图形。

③ 动态(D)：该命令可动态缩放图形。执行该命令后，在屏幕中将出现一个带"×"的矩形选择方框。单击鼠标，矩形选择框中心的"×"消失，同时右侧边框出现方向箭头"→"，此时移动光标可以改变选择方框的大小。待选择方框大小合适后点击鼠标左键，将选择方框移动到需要缩放的区域后按回车键，即可将该区域中的图形显示在图形窗口中。

④ 范围(E)。该命令可在屏幕上尽可能大地显示所有的图形对象。与全部缩放模式不同的是，范围缩放使用的显示边界是图形范围而不是图形界限。

⑤ 上一个(P)：用于恢复上一次显示的图形视图。

⑥ 比例(S)：执行该命令后，用户需要根据提示输入比例因子，系统将按照该比例缩放图形对象。

⑦ 窗口(W)：该命令允许用户通过确定一个矩形窗口，实现图形的放大。执行该命令后，用户需要根据提示指定一个矩形区域，该矩形内的区域将尽量占满屏幕显示。

⑧ 对象(O)：该命令可以用来显示图形文件中的某一部分。选择该命令后，单击图形中的某一部分，该部分将显示在整个图形窗口中。

⑨ 实时(R)：执行该命令后，鼠标指针呈"放大镜"形状。此时按下鼠标左键，向上拖动光标可放大整个图形，向下拖动光标可缩小整个图形，释放鼠标后停止缩放。

4.3.2　平移视图

使用平移视图命令，可以重新定位图形，以便看清图形的其他部分，此时不会改变图形中对象的位置或比例。一般情况下不会引起视图重新生成，除非在虚拟屏幕外移动图形。使用平移视图命令也可以快速地把视图中看到的当前视图由一个位置移动到另一个位置。

平移视图时，通常可在视图中按下鼠标滚轮，当光标变为手形图标时，移动鼠标即可平移视图。除此之外，还可以通过命令的操作方式平移视图。

(1) 命令输入。

用命令平移视图的几种操作方式如下：

下拉菜单："视图"→"平移"(子菜单)。

功能区："视图"→"导航"→"平移"。

工具栏：标准工具栏"👋"。

命令行：PAN(可简写为"P")✓。

(2) 操作说明。

执行以上命令后，鼠标光标变为手形👋时，就可以移动图形了。在下拉菜单执行平移命令时，AutoCAD 2020 提供了左、右、上、下及实时、定点的平移方法，如图 4-12 所示。

① 实时平移。通过功能区、工具栏、命令行执行的平移操作均为实时平移，此时鼠标光标变为手形👋，按下鼠标左键拖动实现图形的平移，按下 Esc 键或回车键退出平移命令。

② 定点平移。选择该命令，可以通过指定基点和位移来平移视图。

图 4-12　视图平移子菜单

③ 左、右、上、下平移。选择这些命令，视图将向相应方向按照特定距离移动一次。

4.3.3　命名视图

命名视图是指将某一视图的状态以某种名称保存起来，以便在需要时将其恢复为当前显示，以提高绘图效率。命名和保存视图时，将保存以下设置：模型选项卡或特定布局选项卡上的视图位置、比例、中心点和视图方向，当前用户坐标系(UCS)，保存视图时图形中的图层可见性设置，视图类别等信息。当绘制非常复杂的图形时，该功能非常有用。

1. 保存命名视图

(1) 命令输入。

保存命名视图的几种操作方式如下：

下拉菜单："视图"→"命名视图"。

功能区："视图"→"命名视图"→"视图管理"。

工具栏：视图工具栏""。

命令行：VIEW↙。

(2) 操作说明。

执行以上操作后，打开图 4-13 所示的"视图管理器"对话框。在该对话框中，可以创建、设置、重命名及删除命名视图。其中"当前视图"选项后显示了当前视图的名称；"查看"选项组的列表框中列出了已命名的视图和可作为当前视图的类别。单击对话框中的"新建"按钮，弹出"新建视图/快照特性"对话框，如图 4-14 所示，在该对话框中填写新建视图名称、选择边界、设置视图特性等信息，单击"确定"按钮，完成命名视图的保存。

图 4-13　"视图管理器"对话框

图 4-14　"新建视图/快照特性"对话框

2. 恢复命名视图

在 AutoCAD 2020 中可以建立多个命名视图，当需要重新使用一个已命名视图时，只需将该视图恢复到当前视口即可。如果绘图窗口中包含多个视口，也可以将视图恢复到活动视口中，或将不同的视图恢复到不同的视口中，以同时显示模型的多个视图。

若要恢复命名视图，可以打开图 4-13 所示的"视图管理器"对话框，在"查看"列表栏中选择要恢复的命名视图，单击"置为当前"和"确定"完成命名视图的恢复。

4.3.4　平铺视口

视口是显示用户模型视图的区域，默认情况下，AutoCAD 2020 仅提供一个视口。用户在绘图时，为了方便编辑，可以将图形的局部进行放大或平移，以显示细节。但是对于大型或复杂的图形，如果仅在单一视口中进行缩放和平移，会花费较长的时间。为此 AutoCAD 2020 提供了平铺视口解决该问题，即可以在模型空间中将绘图区域分割成多个矩形区域，如图 4-15 所示，每个矩形区域均可作为一个单独的视口，通过对单独视口的操作，以节约缩放、平移等操作时图形的刷新时间。

图 4-15　"平铺视口"示意图

使用平铺视图时，蓝色矩形框亮显的视口称为当前视口，双击鼠标滚轮可以最大化并居中视图。用户可以在当前视口中独立执行控制视图的命令(如平移和缩放)。同时，在当前视口中执行的创建或修改对象的命令结果将应用到模型，并显示在其他视口中。在任意视口中单击可以将其置为当前视口。

1. 新建平铺视口

(1) 命令输入。

新建平铺视口的几种操作方法如下：

下拉菜单："视图"→"视口"→"新建视口"。

工具栏：视口工具栏"▣"。

命令行：VPORTS✓。

(2) 操作说明。

执行以上操作之后，打开"视口"对话框"新建视口"选项卡，如图 4-16 所示。在"标准视口"列表框中选择可用的标准视口配置，此时在"预览"区域中显示所选视口配置及赋给每个视口的默认视图的预览图像。要修改视口的配置，可以在"预览"区域选择该视口，在下方下拉列表栏中选择需要的配置，单击"确定"按钮完成新建视口。

2. 命名视口

若需要建立多个不同的视口以便后期调用，在新建平铺视口时，需要在如图 4-16 所示的"新建视口"选项卡的"新名称"文本框中输入新建视口的名称，建立命名视口。

图 4-16　"视口"对话框"新建视口"选项卡

若要恢复已经建立的命名视口，可以通过下拉菜单中的"视图→视口→命名视口"命令直接打开"视口"对话框中的"命名视口"选项卡，如图 4-17 所示。在"命名视口"列表框中显示当前已经建立的命名视图，选择要恢复的命名视口，在右侧"预览"区域显示该命名视口的预览，单击"确定"按钮恢复命名视口。

图 4-17　"视口"对话框"命名视口"选项卡

4.3.5　重画与重生成图形

在绘图和编辑过程中，屏幕上常常留下对象的拾取标记，这些临时标记并不是图形中的对象，但会造成当前图形画面的混乱。要消除这些临时标记，可以采用重画或重生成图形的命令予以清除。具体操作步骤如下：

(1) 重画。可以通过命令行中的"REDRAW"命令，或下拉菜单中的"视图→重画"命令完成重画图形。该命令将刷新当前视口中的显示，删除由 VSLIDE 和当前视口中的某些操作遗留的临时图形。若要删除零散像素，则需要使用"重生成"命令。

(2) 重生成。重生成有当前视图重生成和全部重生成两种形式，通过下拉菜单中的"视图→重生成"按钮或"REGEN"命令在当前视口内重新生成图形，同时删除执行某些编辑操作后遗留在显示区域中的零散像素；通过下拉菜单中的"视图→全部重生成"按钮或"REGENALL"命令重生成整个图形并刷新所有视口。执行重生成图形命令时，将重新生成图形数据库的索引，以获得最优的显示和性能，同时重新计算所有("REGEN"命令仅作用于当前视口)图形对象的位置和可见性，重置所有("REGEN"命令仅作用于当前视口)视口中可用于实时平移和缩放的总面积。

4.4　工 作 环 境

在 AutoCAD 2020 中，有两种不同的工作环境，称为"模型空间"和"图纸空间"。在进行绘图时，可根据需要选择相应的工作环境。

4.4.1　模型空间与图纸空间

模型空间是一个无限大的绘图环境，默认情况下绘图工作均在此环境下完成。在绘图时，首先要确定一个单位是表示 1 毫米、1 分米、1 英寸、1 英尺，还是表示某个最方便的单位，然后以 1 : 1 的比例绘制图形。

图纸空间是一种用不同比例输出图形的环境，可以理解为常见的打印纸或手工绘图的图纸。图纸空间中的一个单位表示一张图纸上的实际距离，以毫米或英寸为单位，具体取决于页面设置。

由于所有的图形均在模型空间中以 1 : 1 的比例绘制，图的尺寸太大，就无法打印出来。AutoCAD 2020 中解决该问题的办法是切换到图纸空间，把模型空间绘制的图形按照一定的比例缩小输出到图纸空间(打印纸)。在图纸空间中还可以设置带有标题栏和注释的不同布局；在每个布局上，可以创建显示模型空间的不同视图的布局视口。在布局视口中，可以相对于图纸空间缩放模型空间视图。

4.4.2　模型和布局

1. 模型选项卡与模型空间

在 AutoCAD 2020 中，模型选项卡内的区域称为模型空间，可以从模型选项卡访问模型空间，如图 4-18(a)所示。

2．布局选项卡与图纸空间

布局选项卡内的区域称为图纸空间，可以从布局选项卡访问图纸空间，如图 4-18(b)所示。在图纸空间中可以添加标题栏，显示布局视口内模型空间的缩放视图，并为图形创建表格、明细表、说明和标注。通过绘图区域左下角处的"布局"选项卡可以访问一个或多个布局。AutoCAD 2020 可以使用多个布局选项卡，以按不同比例和不同的图纸大小显示各种模型组件的详细信息。

图 4-18　模型和布局

3．在布局中切换图纸空间和模型空间

当工作环境处于布局选项卡下的图纸空间时，在当前布局视口下绘制的图形和对图形的编辑操作，不影响布局的其他视口，也不影响模型空间中的图形。

但双击布局视口内部后，当前布局视口边界加粗显示，切换为模型空间，此时绘制的图形和对图形的编辑操作结果，将在其他布局视口和模型空间中输出。若要防止编辑图形过程中更改比例，应在访问模型空间之前锁定布局视口的显示。锁定显示后，在模型空间中操作时将无法使用 ZOOM 命令。若要返回到图纸空间，可以双击布局视口外的任意位置。

4．模型空间和图纸空间的切换

默认情况下，模型选项卡和多个命名布局选项卡将显示在绘图区域的左下角。单击"模型"选项卡或"布局"选项卡，即可在模型空间与图纸空间之间切换。

 思考与练习

1．如何进行图形单位设置？
2．怎么控制图形的界限？
3．在采用 AutoCAD 2020 绘图时，为什么要采用图层对图形进行控制？
4．在 AutoCAD 2020 中，图层都具有哪些特性？这些特性的作用是什么？
5．在使用缩放视图时，执行全部缩放命令后有什么结果？
6．什么是命名视图？为什么要采用命名视图？如何建立和恢复命名视图？
7．什么是视口？在 AutoCAD 2020 中如何建立和使用命名视口？

8. 重画与重生成图形有何异同？

9. 什么是模型空间和图纸空间？在 AutoCAD 2020 中，这两者之间如何切换？

10. 按照以下要求在 AutoCAD 2020 中建立图层：

(1) 图层名称：粗实线、点画线、双点画线、虚线、细实线、图框和标题栏、辅助线、文字。

(2) 颜色：颜色自选。

(3) 线型：点画线用"CENTER"、虚线用"DASHED"、双点画线用"PHANTOM"，其余线型用"Continuous"。

(4) 线宽：粗实线线宽 0.4，其余线宽"默认"。

第 5 章　图块和图案填充

 思政目标

通过图块和图案填充命令的学习，学会图块的建立与应用及图案的填充。绘图时，利用图块，可有效提高绘图效率。传统设计模式下大规模定制型产品结构的设计周期长，问题多，以及大量重复性工作让工程师疲于应对，这些问题严重阻碍了企业的发展和技术创新。利用 CAD 图块实现模块化设计，可大幅提升产品结构设计的效率和质量。因此在工作中要不断探索新技术、新方法，不断提升工作能力和创新意识。

5.1　图　　块

在用 Auto CAD 绘图时，经常会遇到相同或类似的图形。譬如，工程制图中的标题栏；机械制图中的表面粗糙度符号，各种标准件及各种常用件等；建筑制图中常用的标高符号、门、窗、轴线编号等；室内设计中常用到的家具、家电等；化工制图中常用到的反应塔、换热器、自动阀等。这些图形形状基本相同，尺寸大小变化有规律。如果每次都重新绘制，不仅浪费大量的时间而且也浪费很大的财力，工作效率也会大大降低。

从 AutoCAD 2002 开始增加了块属性管理器功能，AutoCAD 2005 增强了块属性管理功能，AutoCAD 2006 推出了动态块的操作。在 AutoCAD 2020 中图块的功能更加强大完美了。对于重复出现的相同或类似的图形，可以通过对图块属性管理器的操作运用，从而达到事半功倍的效果。

5.1.1　创建和插入块

1. 图块

图块简称为块。在 AutoCAD 中，块可以是一个对象或由多个对象组成的集合体，也可以是绘制在几个不同图层上不同特性对象的集合体。用户可以通过建立内部块和外部块的方式，将多个对象作为一个整体在同一图形文件或其他图形文件中使用，从而使复杂图形简单化。

2. 创建块

创建块又叫作定义块。要想创建块，必须要先绘制块所需要的对象，然后再定义图块。

(1) 命令输入。

创建块的方式有四种(如图 5-1 所示)：

命令行：BLOCK(快捷命令是 B)，如图 5-1(a)所示。

菜单栏：选择菜单栏"绘图"→"块"→"创建(M)"命令，如图 5-1(b)所示。

工具栏：单击"绘图"工具栏中的"创建块"按钮 ，如图 5-1(c)所示。

功能区：在功能区单击"默认"选项卡的"块"面板中的创建按钮 ，如图 5-1(d) 所示；单击"插入"选项卡的"块定义"面板中的"创建"按钮 ，如图 5-1(e)所示。

图 5-1　创建图块的方式

(2) 操作说明。

执行以上操作后弹出"块定义"对话框，如图 5-2 所示。"块定义"对话框用于创建在本文档里可见可插入的块。下面对"块定义"对话框中的选项进行说明。

图 5-2　"块定义"对话框

① "名称"列表框：用于指定块的名称。名称最多包含 255 个字符，包括字母、数字、空格，以及操作系统或程序未作他用的任何特殊字符。块名称及块定义保存在当前图形中。

如果在"名称"下选择现有的块，将显示块的预览。

②　"基点"选项组：用于指定块的插入基点。插入基点的默认值是 (0,0,0)。

"在屏幕上指定"复选框：用于关闭对话框时，提示用户指定基点。

"拾取点(K)"按钮：用于暂时关闭对话框以使用户在当前图形中拾取插入基点。

"X:"输入框、"Y:"输入框、"Z:"输入框：分别用于指定基点 X 坐标值、基点 Y 坐标值、基点 Z 坐标值。

③　"对象"选项组：用于指定新块中要包含的对象，以及创建块之后如何处理这些对象，是保留还是删除选定的对象或者是将它们转换成块实例。

"在屏幕上指定"复选框：用于关闭对话框时，提示用户指定对象。

"选择对象(T)"按钮：用于暂时关闭"块定义"对话框，以便用户选择块对象。选择完对象后，按回车键可返回到该对话框。

"快速选择"按钮 ：单击此按钮将弹出"快速选择"对话框，如图 5-3 所示，通过该对话框定义选择集来快速选择所需要的对象。

图 5-3　"快速选择"对话框

"保留(R)"单选按钮：选择此按钮时，在创建块以后，将选定对象保留在图形中作为区别对象。

"转换为块(C)"单选按钮：选择此按钮时，在创建块以后，将选定对象转换成图形中的块实例。

"删除(D)"单选按钮：选择此按钮时，在创建块以后，从图形中删除选定的对象。

"未选定对象"：表示还未选择对象，选择对象后将显示选定对象的数目。

④　"方式"选项组：用于指定块的行为方式。

"注释性(A)"复选框：用于指定块是否为注释性。

"使块方向与布局匹配(M)"复选框：用于指定在图纸空间视口中的块参照的方向与布局的方向匹配。如果未选择"注释性"选项，则该选项不可用。

"按统一比例缩放(S)"复选框：用于指定是否阻止块参照不按统一比例缩放。

"允许分解(P)"复选框：用于指定块参照是否可以被分解。

⑤ "设置"选项组：用于指定块的设置。

"块单位(U)"列表框：用于指定块参照插入的单位。

"超链接(L)…"按钮：单击该按钮，打开"插入超链接"对话框，可以使用该对话框将某个超链接与块定义相关联。

⑥ "说明"文本框：用于指定块的文字说明。

⑦ "在块编辑器中打开(O)"复选框：勾选此复选框时，单击"确定"后，在块编辑器中打开当前的块定义。

【示例 5-1】 创建如图 5-4 所示沙发的图块，操作如下：

(1) 用矩形、偏移、分解、延伸、圆角、直线等命令画出如图 5-4 所示的图形，再进行线性标注和半径标注。

(2) 在功能区单击"默认"选项卡的"块"面板中的按钮 ，打开如图 5-2 所示的"块定义"对话框。

(3) 在"名称"框输入该块的名称(块名最多包含 255 个字符，包括字母、数字、空格及操作系统或 AutoCAD 程序中未作他用的任何特殊字符)。"设置"窗口的"块单位"选择默认的"毫米"。

(4) 点击"拾取点"按钮，在图形的适当地方点击，比如如图 5-5 所示的沙发前端中点。

(5) 点击"选择对象"按钮，如图 5-6 所示选择全部对象并回车，选中下方的"转换为块"；右方"方式"下选中"允许分解"。然后点击"确定"，如图 5-4 所示的沙发图块创建完成。

图 5-4　沙发　　　　　图 5-5　选择拾取点　　　　　图 5-6　选择对象

3. 写块

利用 BLOCK 命令创建的图块只保存在当前图形文件里，要想在其他图形文件里插入该图块，就必须要永久保存该图块，也就是写块。

(1) 命令输入。

写块的方式有两种(如图 5-7 所示)：

命令行：WBLOCK(快捷命令是 W)，如图 5-7(a)所示。

功能区：单击"插入"选项卡的"块定义"面板中的"写块"按钮 ，如图 5-7(b)所示。

(a)　　　　　　　　　　(b)

图 5-7　写块的方式

(2) 操作说明。

执行以上操作后，将弹出"写块"对话框，如图 5-8 所示。在"写块"对话框中提供了一种便捷的方法，用于将当前图形的零件保存到不同的图形文件中，或将指定的块定义另存为一个单独的图形文件。

图 5-8　"写块"对话框

① "源"选项组：用于指定块或对象，将其另存为文件并指定插入点。

"块(B)"单选按钮：选择此按钮时，可从它右边的下拉列表中选择现有的块将其保存为永久块。

"整个图形(E)"单选按钮：选择此按钮时，可以把整个图形作为一个块另存为永久块。

"对象(O)"单选按钮：选择此按钮时，选择要另存为文件的对象。指定基点并选择下面的对象。

② "基点"选项组：用于指定块的基点。块基点的默认值是(0,0,0)。

"拾取点(K)"按钮：当选择此按钮时，暂时关闭对话框以使用户在当前图形中拾取插入基点。

"X:"输入框、"Y:"输入框、"Z:"输入框：分别用于指定基点的 X，Y，Z 坐标值。

③ "对象"选项组：用于指定新块中要包含的对象，以及创建块之后如何处理这些对

象是保留还是删除或者是将它们转换成块实例。

"选择对象(T)"按钮：用于暂时关闭"块定义"对话框，以便用户选择块对象。选择完对象后，按回车键可返回到该对话框。

"快速选择"按钮：单击此按钮弹出"快速选择"对话框，如图 5-3 所示，通过该对话框定义选择集来快速选择所需要的对象。

"保留(R)"单选按钮：选择此按钮时，在创建块以后，将选定对象保留在图形中作为区别对象。

"转换为块(C)"单选按钮：选择此按钮时，在创建块以后，将选定对象转换成图形中的块实例。

"从图形中删除(D)"单选按钮：选择此按钮时，在创建块以后，从图形中删除选定的对象。

"未选定的对象"：表示还未选择对象，当选择对象后将显示选定对象的数目。

④　"目标"选项组：用于指定文件的新名称和新位置以及插入块时所用的测量单位。

"文件名和路径(F)"列表框：用于指定文件名和保存块或对象的路径。单击后面的按钮`...`，显示"浏览图形文件"对话框。

"插入单位(U):"列表框：用于指定从 Design Center(设计中心)拖动新文件或将其作为块插入到使用不同单位的图形中时用于自动缩放的单位。如果希望插入时不自动缩放图形，则选择"无单位"。

【示例 5-2】　写如图 5-4 所示沙发的图块。操作如下：

(1) 用矩形、偏移、分解、延伸、圆角、直线等命令画出如图 5-4 所示的图形，再用线性标注和半径标注。

(2) 在命令行上输入"W"并回车，打开如图 5-8 所示的"写块"对话框。

(3) 点击"文件名和路径"框后按钮`...`，打开"浏览图形文件"对话框，设置要永久保存图块的路径及名称，点击"保存"。插入单位默认"毫米"不变。

(4) 在"写块"对话框点击"拾取点"按钮，在图形的适当地方点击，选择如图 5-9 所示的后端中点。

(5) 在"写块"对话框点击"选择对象"按钮，选择如图 5-10 所示的全部对象并回车，选中下方的"保留"。(选择"保留"则保留源对象沙发；选择"转换为块"，则原图形将为图块；选择"从图形中删除"，则将原图形对象从当前图形文件窗口删除。)点击"确定"按钮，如图 5-4 所示的沙发图块创建完成。

图 5-9　选择拾取点

图 5-10　选择对象

4．插入块

创建块和写块的目的是插入块。创建好的块可插入到当前图形的任意位置，写的块可插入到任何图形中的任何位置。在 AutoCAD 2020 中插入的块是一个对象，在插入的同时，还可以根据需要改变图块的大小，把图块旋转一定角度或分解成多个对象。

(1) 命令输入。

插入图块的方式有以下四种(如图 5-11 所示)：

命令行：INSERT(快捷命令是 I)，如图 5-11(a)所示。

菜单栏：选择菜单栏"插入(I)"→"块选项板(B)"命令，如图 5-11(b)所示。

工具栏：单击"绘图"工具栏中的"插入块"按钮 ，如图 5-11(c)所示。

功能区：在功能区单击"默认"选项卡的"块"面板中的"插入块"按钮 ，如图 5-11(d)所示；单击"插入"工具栏中的"插入块"按钮 ，如图 5-11(e)所示。

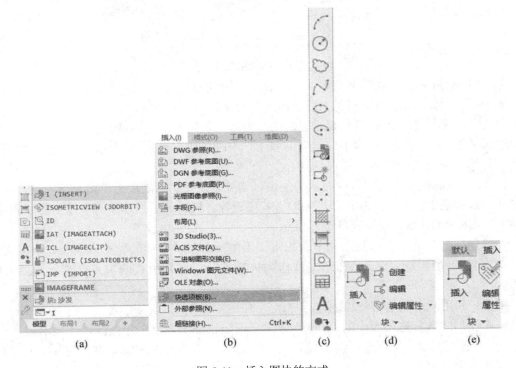

图 5-11　插入图块的方式

(2) 操作说明。

命令输入后回车，弹出"插入块"选项板，如图 5-12 所示，下面对"插入块"选项板中的选项进行说明。

"块"选项板的整个顶部区域提供有以下显示和访问控件。

① "过滤器"下列框：接受使用通配符的条件，以按名称过滤可用的块。有效通配符为用于单个字符的"？"和用于多个字符的"*"。例如，4？？A*可显示名为 40xA123 和 4x8AC 的块。下拉列表显示之前使用的通配符字符串。

② "浏览"按钮：单击此按钮，显示"选择图形文件…"对话框，用于选择要作为块插入到当前图形中的图形文件或其块定义之一。

图 5-12　"插入块"选项板

③ "图标或列表样式"下列框：用于显示列出或预览可用块的多个选项。

④ 预览区域：用于显示基于当前选项卡可用块的预览或列表。

"当前图形"选项卡：用于显示当前图形中可用块定义的预览或列表。

"最近使用"选项卡：用于显示当前和上一个任务中最近插入或创建的块定义的预览或列表。这些块可能来自各种图形。

提示："最近使用"选项卡中显示的块可以删除。在要删除的块上单击鼠标右键，并选择"从最近列表中删除"选项，即可删除。若要删除"最近使用"选项卡中显示的所有块，需将 BLOCKMRULIST 系统变量设置为 0。

"其他图形"选项卡：显示从单个指定图形中插入的块定义的预览或列表。块定义可以存储在任何图形文件中。将图形文件作为块插入还会将其所有的块定义输入到当前图形中。

提示：利用此选项卡方法可创建存储所有相关块定义的"块库图形"。使用此方法，在插入块库图形时选择选项板中的"分解"选项，可防止图形本身在预览区域中显示或列出。

⑤ "插入选项"选项组：用于设置插入块的选项。插入块的位置和方向取决于 UCS 的位置和方向。仅当单击并放置块而不是拖放它们时，才可应用这些选项。

"插入点"复选框：用于指定块的插入点。如果选中该选项，则插入块时使用定点设备或手动输入坐标，即可指定插入点。如果取消选中该选项，将使用之前指定的坐标。若要使用此选项在先前指定的坐标处定位块，需在选项板中双击该块。

"比例"复选框：用于指定插入块的缩放比例。如果选中该选项，则指定 X、Y、Z 方向的比例因子。如果为 X、Y、Z 比例因子输入负值，则块将作为围绕该轴镜像插入图像。如果取消选中该选项，将使用之前指定的比例。

"旋转"复选框：用于在当前 UCS 中指定插入块的旋转角度。如果选中该选项，可使用定点设备或输入角度指定块的旋转角度。如果取消选中该选项，将使用之前指定的旋转角度。

"重复放置"复选框：用于控制是否自动重复块插入。如果选中该选项，系统将自动提示其他插入点，直到按 esc 键取消命令。如果取消选中该选项，则将指定的块插入一次。

"分解"复选框：用于控制块在插入时是否自动分解为其部件对象。作为块在插入时遭分解的指示，将自动阻止光标处块的预览。如果选中该选项，则块中的构件对象将解除关联并恢复为其原有特性。使用 BYBLOCK 颜色的对象为白色。具有 BYBLOCK 线型的对象使用 CONTINUOUS 线型。如果取消选中此选项，将在块不分解的情况下插入指定块。只能使用统一比例因子指定此选项。如果需要分解比例不统一的块，仍可以使用 EXPLODE 命令手动完成(块需在选中"允许分解"选项的情况下创建)。

【示例 5-3】　如图 5-13 所示，把两个沙发插入茶几的两头，操作如下：

(1) 用矩形、偏移、分解、延伸、圆角、直线等命令画出如图 5-14 所示的图形，并作两条辅助线以确定插入沙发的位置点 A 和 B。

(2) 在功能区单击"默认"选项卡的"块"面板中的按钮 ，打开如图 5-12 所示"插入块"选项板。

(3) 打开"其他图形"选项卡，在"插入选项组"选择"插入点""旋转"，单击"浏览"按钮打开前面所定义的"沙发"图块，在预览区单击沙发预览图形，在绘图窗口点击插入点 A 点并输入旋转角度为 90°。

(4) 打开"其他图形"选项卡，在"插入选项组"，选择"插入点""旋转"，单击"浏览"按钮打开前面所见的"沙发"图块，在预览区单击沙发图形，在绘图窗口点击插入点 B 点并输入旋转角度为-90°。

(5) 整理图形。

图 5-13　沙发茶几组合　　　　　　　图 5-14　沙发没插入前

5.1.2　创建和编辑属性块

块包含的信息可以分为两类：图形信息和非图形信息。块属性是图块的非图形信息，包括标记、提示、值的信息、文字格式、位置等。例如，在办公室工程中定义的办公桌图块中，每个办公桌的编号、使用者等属性就属于非图形信息。单独的块属性是没有意义的，块属性必须和图块结合在一起使用，通常在图纸上显示为块实例的标签或说明。

1. 属性块

属性块用于形式相同而属性内容需要变化的情况，如机械制图中的表面粗糙度符号，装配图的明细栏，建筑图的标高符号、轴线编号等。插入块时，其属性也随之一起插入到图中；对块进行编辑时，其属性也将改变。

2. 创建属性块

(1) 命令输入。

创建属性块有以下四种方式(如图 5-15 所示)：

命令行：ATTDEF，如图 5-15(a)所示。

菜单栏：选择菜单栏"绘图"→"块(K)"→"定义属性(D)…"命令，如图 5-15(b)所示。

功能区：在功能区单击"默认"选项卡的"块"面板中的"定义属性"按钮 ，如图 5-15(c)所示；单击"插入"选项卡的"块定义"面板中的"定义属性"按钮 ，如图 5-15(d)所示。

图 5-15　定义属性的方式

(2) 操作说明。

命令输入后，弹出"属性定义"对话框，如图 5-16 所示，下面对"属性定义"对话框中的选项进行说明。

图 5-16　"属性定义"对话框

① "模式"选项组：用于在图形中插入块时，设定与块关联的属性值选项。默认值存储在 AFLAGS 系统变量中。更改 AFLAGS 设置将影响新属性定义的默认模式，但不会影

响现有属性定义。

"不可见(I)"复选框：用于指定插入块时不显示或打印属性值。ATTDISP 命令将替代"不可见"模式。

"固定(C)"复选框：用于在插入块时指定属性的固定属性值。此设置用于永远不会更改的信息。

"验证(V)"复选框：用于插入块时提示验证属性值是否正确。

"预设(P)"复选框：用于插入块时，将属性设置为其默认值而无须显示提示。仅在提示将属性值设置为在"命令"提示下显示(ATTDIA 设置为 0)时，应用"预设"选项。

"锁定位置(K)"复选框：用于锁定块参照中属性的位置。解锁后，属性可以相对于使用夹点编辑的块的其他部分移动，并且可以调整多行文字属性的大小。

"多行(U)"复选框：用于指定属性值可以包含多行文字。选择此选项后可以指定属性的边界宽度。

② "属性"选项组：用于设定属性数据。

"标记(T)"文本框：用于标识图形中每次出现的属性的名称。使用任何字符组合(空格除外)输入属性标记。小写字母会自动转换为大写字母。

"提示(M)"文本框：用于指定在插入包含该属性定义的块时显示的提示。如果不输入提示，属性标记将用作提示。如果在"模式"区域选择"常数"模式，"属性提示"选项将不可用属性定义。

"默认(L)"文本框：用于指定默认属性值。

"插入字段"按钮 ：用于显示"字段"对话框，可以插入一个字段作为属性的全部或部分值。

③ "插入点"选项组：用于指定属性位置。输入坐标值，或选择"在屏幕上指定"，并使用定点设备来指定属性相对于其他对象的位置。

"在屏幕上指定(O)"复选框：在选择"在屏幕上指定"复选框时，关闭对话框后将显示"起点"提示。使用定点设备来指定属性相对于其他对象的位置。

"X"文本框：用于指定属性插入点的 X 坐标。

"Y"文本框：用于指定属性插入点的 Y 坐标。

"Z"文本框：用于指定属性插入点的 Z 坐标。

④ "文字设置"选项组：用于设定属性文字的对正、样式、高度和旋转。

"对正(J):"列表框：用于指定属性文字的对正。

"文字样式(S)"列表框：用于指定属性文字的预定义样式。显示当前加载的文字样式。

"注释性(N)"复选框：用于指定属性为注释性。如果块是注释性的，则属性将与块的方向相匹配。

"文字高度(E):"文本框：用于指定属性文字的高度。输入值，或选择"高度"用定点设备指定高度。此高度为从原点到指定位置的测量值。如果选择有固定高度(任何非 0.0 值)的文字样式，或者在"对正"列表中选择了"对齐"，则"高度"选项不可用。

"旋转(R):"文本框：用于指定属性文字的旋转角度。输入值，或选择"旋转"用定点设备指定旋转角度。此旋转角度为从原点到指定位置的测量值。如果在"对正"列表中选择了"对齐"或"调整"，则"旋转"选项不可用。

"边界宽度(W)："文本框：换行至下一行前，指定多行文字属性中一行文字的最大长度。值 0.000 表示对文字行的长度没有限制。此选项不适用于单行属性。

⑤　"在上一个属性定义下对齐(A)"复选框：将属性标记直接置于之前定义的属性的下面。如果之前没有创建属性定义，则此选项不可用。

3. 编辑属性块

创建块的属性后，可以修改块的属性值。如果是将属性块对象和非属性块对象创建在一起的图块，则可通过"增强属性编辑器"对话框修改属性块内容、文字高度、颜色等信息，一般用于图名、标题栏、轴线编号等的修改。

双击块属性，系统弹出"增强属性编辑器"对话框，如图 5-17 所示。在"属性"选项卡的列表中选择要修改的文字属性，然后在下面的"值"文本框中输入块中定义的标记和值属性，"文字"选项用于修改属性文字的格式，"特性"选项用于修改属性文字的图层及其线宽、线型、颜色及打印样式等。

(a) 属性　　　　　　　　(b) 文字选项　　　　　　　　(c) 特性

图 5-17　"增强属性编辑器"对话框

【示例 5-4】　绘制表面粗糙度符号，取 $H = 5$，默认值为 $Ra = 1.6$，定义属性块，命名为"表面粗糙度"。操作如下：

(1) 打开极轴追踪，设置增量角为 30°，用直线命令和修剪命令绘制如图 5-18(a)所示的粗糙度符号图形。

(a)　　　　　(b)　　　　　(c)　　　　　(d)　　　　　(e)

图 5-18　创建表面粗糙度属性块

(2) 单击功能区"默认"选项卡的"块"面板中的"定义属性"按钮 ✎，弹出"属性定义"对话框，按如图 5-18(b)所示进行设置，单击确定后在适当位置拾入点，如图 5-18(c)所示。

(3) 命令行输入"W"回车，弹出"写块"对话框，在"源"选项组选中"对象"单选按钮，在"对象"选项组选中"转换为块"单选按钮，在"目标"选项组选中"文件名和路径"，文件名和路径设置为"D:\第 5 章　图块与图案填充\表面粗糙度"，再点击"拾取点"按钮在图形窗口拾取"A"点；弹出"写块"对话框后再点击"选择对象"按钮，在图形窗口选择粗糙度图形及属性"粗糙度"后回车，再次弹出"写块"对话框后点击"确定"按钮，完成属性块的创建；插入该属性块，打开"编辑属性"对话框，如图 5-18(d)所示，在该对话框里输入相应的表面粗糙度值，单击"确定"按钮，完成如图 5-18(e)所示的表面粗糙度属性块的插入。

5.1.3　创建和编辑动态块

在 AutoCAD 2020 中，可以为普通图块添加动作，将其转换为动态图块，动态图块可以直接通过移动动态夹点来调整大小、角度，避免频繁进行参数输入或命令调用(如缩放、旋转、镜像命令等)，可使图块的操作变得更加轻松。

1. 动态块

简单地说，动态块就是给图块定义一些参数、动作，这些参数和动作的配合，可以让图块根据自己的需要进行变化。要把图块变为动态块，需要打开"块编辑器"，然后通过"编写选项板"来设置动态块的参数和动作等，如图 5-19 所示。

图 5-19　编写动态块界面

2. 添加动态参数和动作

要使块变成动态块，必须至少包含一个参数，参数可以是点、线性、旋转、翻转等。在建筑制图中，经常会绘制各种尺寸的门，为了能够灵活使用门对象，可将门设置为动态门。

执行块编辑器的几种操作方式如下：

命令行：BEDIT(快捷命令是 BE)。

菜单栏：选择菜单栏"工具"→"块编辑器(B)"命令。

功能区：在功能区单击"插入"选项卡的"块"面板中的"块编辑器"按钮 。

【示例5-5】 设置动态门的参数、动作，操作步骤如下：

(1) 用矩形命令、圆弧命令和直线命令绘制门对象。

(2) 用"W"命令保存"门动态块"图块，如图5-20所示。

(3) 单击功能区"插入"选项卡的"块"面板中的"块编辑器"按钮，打开"编辑块定义"对话框，如图5-21所示。选择要编辑的块名"门动态块"，单击"确定"按钮。

图5-20　"门动态块"图

图5-21　"编辑块定义"对话框

(4) 进入编写动态块界面，在"块编写选项板"中单击"参数"选项卡的"线性"按钮设置动态参数"距离1"，单击"翻转"按钮添加动态参数"翻转状态1"；单击"动作"选项卡的"缩放"按钮，选择参数"距离1"和对象直线、圆弧、矩形，添加"缩放"动作；单击"动作"选项卡的"翻转"按钮，选择参数"翻转状态1"和对象直线、圆弧、矩形，添加"翻转"动作。如图5-22所示。

(5) 单击功能区"块编辑器"选项卡的"保存块"按钮，并关闭块编辑器。

(a)

(b)

图5-22　动态块添加参数和动作

5.1.4 分解块、删除块与清理块

在有些设计场合，需要先分解块再以某组成对象进行修改以获得符合要求的图形，以及将插入的多余块删除，或者清理图形中未使用的块对象。

1. 分解块

块作为一个独立的对象，将其分解后可以获得块的独立组成对象。对插入在图形中的块进行分解，并不会改变保存在图形列表中的块定义。分解块的方法较为简单，即在功能区"默认"选项卡的"修改"面板中单击"分解"按钮，接着选择要分解的块，然后按回车键即可。

2. 删除块

在功能区"默认"选项卡的"修改"面板中单击"删除"按钮，接着在图形窗口中选择要删除的块，按回车键，即可将在图形中选定的块对象删除。

3. 清理块

清理块有以下三种方式。

(1) 用 PURGE 命令清理块。PURGE 命令可用来清除图纸里没有使用的项目如文字样式、标注样式、图层、线型、块等，使图纸文件的体积变小。定义的块如果没有使用，用 PURGE 命令即可删除；如果已经使用，就不能删除。

(2) 删除块文件。如果是用 WBLOCK 命令创建的块，已经形成了单独的块文件，将此文件删除即可。

(3) 单击"应用程序"按钮▲→"图形实用工具"→"清理"命令，打开"清理"对话框来清理某些未使用的图块。

5.2 图 案 填 充

在实际绘图过程中，经常要在某些区域内填充图案，以表示特定的意义，如：剖面、材料、用途、地界等。将这些特定图案填入指定区域，就是图案填充。AutoCAD 2020 中预先定义了一些填充图案，并将其集中存放在标准图案库"ACAD.PAT"中。用户也可以定义填充图案，用户自定义的图案既可以保存在"ACAD.PAT"中，也可以保存在其他的"*.PAT"文件中。图案填充的应用非常广泛，例如，在机械工程图中，可以用图案填充表达一个剖切的区域，也可以使用不同的图案填充来表达不同的零部件或者材料。

5.2.1 图案填充边界

在进行图案填充之前，必须先确定填充图案的边界。定义边界的对象只能是直线、构造线、样条曲线、多段线、圆、圆弧、椭圆、椭圆弧、面域等对象或由其定义的块。而且组成边界的这些对象必须可见。边界还必须是封闭的。"BOUNDARY(边界)"命令就是从封闭区域创建面域或多段线。

(1) 命令输入。

边界创建的方式有以下三种(如图 5-23 所示)：

命令行：BOUNDARY(快捷命令是 BO)，如图 5-23(a)所示。

菜单栏：选择菜单栏"绘图"→"边界(B)..."命令，如图 5-23(b)所示。

功能区：在功能区单击"默认"选项卡的"绘图"面板中的"边界创建"按钮▢，如图 5-23(c)所示。

图 5-23　创建边界的方式

(2) 操作说明。

命令输入后，将弹出"边界创建"对话框，如图 5-24 所示，下面对"边界创建"对话框中的选项进行说明。

① "拾取点(P)"按钮：根据围绕指定点构成封闭区域的现有对象来确定边界。

② "孤岛检测(D)"复选框：用于控制是否检测内部闭合边界(称为"孤岛")。如果清除"孤岛检测"选项，则将忽略所有内部闭合对象。

③ "边界保留"选项组：用于控制边界是否保留以及保留边界的类型。

"对象类型(O)"列表框：用于控制新边界对象的类型。

图 5-24　"边界创建"对话框

④ "边界集"选项组：定义通过指定点定义边界时要分析的对象集。选择"当前视口"，

则分析当前视口范围内的所有对象集，选择此选项将放弃当前所有边界集。

"新建"按钮：用于提示用户选择用来定义边界集的对象。

5.2.2　图案填充

图案填充用于填充现有对象或封闭区域，也可以创建新的图案填充对象。

(1) 命令输入。

图案填充的方式有以下四种(如图 5-25 所示)：

命令行：BHATCH、HATCH(快捷命令是 H)，如图 5-25(a)所示。

菜单栏：选择菜单栏"绘图"→"图案填充"命令，如图 5-25(b)所示。

工具栏：单击"绘图"工具栏中的"图案填充"按钮 ，如图 5-25(c)所示。

功能区：在功能区单击"默认"选项卡的"绘图"面板中的"图案填充"按钮 ，如图 5-25(d)所示。

图 5-25　图案填充的方式

(2) 操作说明。

命令输入后，系统打开"图案填充创建"选项卡，如图 5-26(a)所示。该选项卡包括"边界""图案""特性""原点""选项"等面板，单击"选项"面板右下角的"↘"，弹出"图案填充和渐变色"对话框。单击"展开"按钮 ⊙ 后展开更多选项设置，如图 5-26(b)所示，下面对"图案填充和渐变色"对话框中的选项进行说明。

(a)

(b)

图 5-26　"图案填充和渐变色"对话框

① "图案填充"选项卡。

如图 5-26(b)所示，"图案填充"选项卡主要定义要填充图案的外观，如"类型和图案""角度和比例""图案填充原点""边界""选项"及展开后的"孤岛"等选项组。

a. "类型和图案"选项组。

"类型"列表框：有"预定义""用户定义"和"自定义"三个选项。"预定义"选项用于让用户指定一个由系统预设的填充图案；"自定义"用于从其他定制的.PAT 文件中指定图案；"用户定义"用于临时定义简单的填充图案。

"图案"列表框："类型"设置为"预定义"时有效，用于选择要填充的图案。用户可以从"图案"下拉列表中根据图案名来选择，也可以单击其右边的 ⋯ 按钮，打开如图 5-27 所示的"填充图案选项板"对话框。该对话框有四个选项卡：ANSI、ISO、其他预定义和自定义。

图 5-27　"填充图案选项版"对话框

"ANSI"选项卡：用于显示程序附带的所有 ANSI 图案。

"ISO"选项卡：用于显示程序附带的所有 ISO 图案。

"其他预定义"选项卡：用于显示程序附带的除 ANSI 和 ISO 之外的所有其他图案。

"自定义"选项卡：用于显示已添加到程序的"支持文件搜索路径"的自定义.PAT 文件列表。

"颜色"列表框：可以设置填充图案的颜色。

"样例"文本框：用于显示选定填充图案的预览图像。

b.　"角度和比例"选项组。

"角度"列表框：用于指定填充图案与 UCS 的 X 坐标轴的角度，默认 0° 表示图案与 UCS 的 X 坐标轴成 45°。

"比例"列表框：用于设置图案填充时的比例值，控制图案的疏密程度。每种图案在定义时的初始比例为 1，用户可以直接在"比例"文字框内输入要设置的比例值，也可以从相应的下拉列表中选择，以控制图案的疏密程度。

"双向"复选框：只有选择用户定义的类型时才可用，对于用户定义的图案，将会绘制第二条直线，并且与原来的直线垂直，从而构成交叉直线。

"间距"文本框：只有用户定义的类型时才可用，用于指定填充图案中的直线间距。

"ISO 笔宽"复选框：当图案填充采用 ISO 图案时此选项可用，用于设置笔的宽度。

c.　"图案填充原点"选项组：用于控制填充图案生成的起始位置。对于某些图案填充需要与图案填充边界上的一点对齐。默认情况下，所有填充图案原点都与当前 UCS 原点对应。

"使用当前原点"单选钮：使用存储在 HPORIGIN 系统变量中的图案填充原点。默认情况下，原点设置为(0,0)。

"指定的原点"单选钮：用于指定新的图案填充原点。

d.　"边界"选项组：用于指定选定填充图案的边界。

"添加：拾取点(K)"按钮：根据围绕指定点所构成封闭区域的现有对象确定边界。当单击该按钮时，切换到 AutoCAD 绘图界面，命令行提示：

拾取内部点或 [选择对象(S)/删除边界(B)]: (用鼠标指定填充区域内的任意一点)

系统会自动计算出包围该点的封闭填充边界，并高亮显示这些边界。

"添加：选择对象(B)"按钮：根据构成封闭区域的所有对象确定边界。单击该按钮时，切换到 AutoCAD 2020 绘图界面，命令提示：

选择对象或 [拾取内部点(K)/删除边界(B)]:

选择对象后就确定构成填充区域的边界。

"删除边界"按钮：用于从边界定义中删除之前添加的任何对象。

"重新创建边界"按钮：围绕选定的图案填充或填充对象创建多段线或面域，并使其与图案填充对象相关联。

"查看选择集"按钮：暂时关闭对话框，并使用当前的图案填充或填充设置显示当前定义的边界。

e.　"选项"选项组：用于控制几个常用的图案填充或填充选项。

"注释性"复选框：用于将图案定义为可注释性对象。

"关联(A)"复选框：用于指定图案填充为关联图案填充。选择此选项关联的图案填充在用户修改其边界时将会更新。

"创建独立的图案填充(H)"复选框：用于控制当指定了几个单独的闭合边界时，是创建单个图案填充对象，还是创建多个图案填充对象。勾选时创建多个相互独立的图案填充对象。

"绘图次序(W)"列表框：用于为图案填充或填充对象指定绘图次序。图案填充可以选择放在所有其他对象之后，所有其他对象之前，图案填充边界之后或图案填充边界之前。

"图层(L)"列表框：用于为指定的图层指定新图案填充对象，替代当前图层。选择"使用当前值"可使用当前图层。

"透明度(T)"列表框：用于设定新图案填充或填充的透明度，替代当前对象的透明度。选择"使用当前值"可使用当前对象的透明度设置。

f. "继承特性"按钮：使用选定图案填充对象的图案填充或填充特性对指定的边界进行图案填充。

"预览"按钮：关闭对话框，并使用当前图案填充设置显示当前定义的边界。单击图形或按"Esc"键返回对话框。单击鼠标右键或按"Enter"键接受图案填充。如果没有指定用于定义边界的点，或没有选择用于定义边界的对象，则此选项不可用。

② "渐变色"选项卡。

"图案填充和渐变色"对话框的"渐变色"选项卡如图 5-28 所示，主要用于定义要应用的渐变填充的外观。包括"颜色""方向""边界""选项"等选项组。

图 5-28　"图案填充和渐变色"对话框

a. "颜色"选项组：用于设定渐变填充的颜色类型。

"单色(O)"单选钮：用于指定使用从较深色调到较浅色调过渡的单色填充。选择"单色"时，下方显示带有"浏览"按钮和"着色"滑块的颜色样本。

"颜色样本"框：用于指定渐变填充的颜色。单击浏览按钮 以显示"选择颜色"对话框，从中可以选择 AutoCAD 2020 颜色索引(ACD)颜色、真彩色或配色系统颜色。显示的默认颜色为图形的当前颜色。

"暗"和"明"滑块：用于指定一种颜色的明(选定颜色与白色的混合)或暗(选定颜色与黑色的混合)，用于渐变填充。

"双色(T)"单选钮：用于指定在两种颜色之间平滑过渡的双色渐变填充。选择"双色"时，下方显示颜色 1 和颜色 2 的带有"浏览"按钮的颜色样本。

渐变图案：显示用于渐变填充的九种固定图案。这些图案包括线性扫掠状、球状和抛物面状图案。

b. "方向"选项组：用于指定渐变色的角度以及渐变是否居中。

"居中"复选框：用于指定对称的渐变配置。如果没有选定此选项，渐变填充方向将朝左上方变化，创建的光源为在对象左边的图案。

"角度"列表框：用于指定渐变填充的角度。此选项与指定给图案填充的角度互不影响。

c. 其他选项组和按钮与"图案填充"选项卡相同。

③ 孤岛。

位于图案填充边界内的封闭区域或文字对象视为孤岛。孤岛检测样式有"普通""外部""忽略"等三种样式。

使用"普通"孤岛检测时，如果指定如图 5-29(a)所示的内部拾取点，则孤岛保持为不进行图案填充，而孤岛内的孤岛将进行图案填充，如图 5-29 所示。

(a) 选定的内部点　　　　(b) 检测边界　　　　(c) 结果

图 5-29　普通孤岛检测

使用同一内部拾取点时，三个选项的结果如图 5-30 所示。

(a) "普通"孤岛检测　　　(b) "外部"孤岛检测　　　(c) "忽略"孤岛检测

图 5-30　不同孤岛检测对比

孤岛检测也可通过系统变量来控制。设置系统变量 HPISLANDDETECTION=0 为"普通"孤岛检测；PISLANDDETECTION=1 为"外部"孤岛检测；HPISLANDDETECTION=2 为"忽略"孤岛检测。

5.2.3 编辑图案填充

创建图案填充后，如果需要修改填充图案或修改图案区域的边界，可单击填充的图案，在功能区就会打开"图案填充编辑器"上下文选项卡，如图 5-31 所示。图案填充编辑器有"边界""图案""特性""原点""选项""关闭"等六个面板，下面对这些面板进行说明。

图 5-31　图案填充编辑器

(1) "边界"面板：该面板提供了"拾取点""选择""删除""重新创建""显示边界对象"等工具。其中，"拾取点"工具用于通过选择由一个或多个对象形成的封闭区域内的点来确定图案填充边界。"选择"工具用于指定基于选定对象的图案填充边界，使用此选项时，不会自动检测内容对象，为了在文字周围创建不填充的空间，则需要将文字包括在选择集中。"删除"工具用于从边界定义中删除任何之前添加的对象。"重新创建"工具则用于围绕选定的图案填充或填充对象创建多段线或面域，并使其与图案填充对象相关联。

(2) "图案"面板：用于显示所有预定义和自定义图案的预览图像，用户可从中选择所需的图案。当选择"SOLID"实体填充图案时，可以实现纯色填充。重新选择则把原来的填充图案改变为新选择的填充图案。

(3) "特性"面板：在该面板中可以查看并设置图案填充类型、图案填充颜色或渐变色、图案填充透明度、图案填充角度、填充图案缩放、图案填充间距和图层名等。

(4) "原点"面板：该面板用于控制填充图案生成的起始位置。某些图案填充(如砖块图案)需要与图案填充边界上的一点对齐，默认情况下，所有图案填充原点都对应于当前的 UCS 原点。

(5) "选项"面板：用于控制几个常用的图案填充或填充选项，如关联性、注释性、特性匹配、允许的间隙和孤岛检测选项等。

(6) "关闭"面板：在该面板上单击"关闭图案填充编辑器"按钮，则退出图案填充编辑，并关闭"图案填充编辑器"上下文选项卡。

【示例5-6】 将图5-32(a)所示的图案填充为图5-32(b)所示的图案，操作如下：

(1) 画出左图(省略)。

(2) 单击功能区绘图面板"图案填充"按钮，在"图案填充创建"选项点中选项面板上单击右下角"↘"，弹出"图案填充和渐变色"对话框。

(3) 打开"图案填充"选项卡，单击"类型和图案"选项组中"图案"复选框后的按钮**...**，弹出"填充图案选项板"对话框。

(4) 在"填充图案选项板"对话框中打开"ANSI"选项卡，选择"ANSI31"并单击"确定"按钮。

(5) 在"角度和比例"选项组中把"比例"列表框设置为8。

(6) 在"选项"选项组中勾选"创建独立的图案填充(H)"复选框。

(7) 在"边界"选项组单击"添加：拾取点(K)"按钮，分别在五个封闭区域单击并回车。

(8) 单击右上填充的图案，功能区打开"图案填充编辑器"上下文选项卡，在"选项"面板设置图案填充角度为90°，关闭"图案填充编辑器"上下文选项卡。

(9) 单击左下填充的图案，功能区打开"图案填充编辑器"上下文选项卡，在"图案"面板单击填充图案为"ANGLE"，关闭"图案填充编辑器"上下文选项卡。

(10) 单击右下填充的图案，功能区打开"图案填充编辑器"上下文选项卡，在"图案"面板单击填充图案为"ANSI32"，关闭"图案填充编辑器"上下文选项卡。

(11) 单击中间填充的图案，功能区打开"图案填充编辑器"上下文选项卡，在"图案"面板单击填充图案为"SOLID"，关闭"图案填充编辑器"上下文选项卡；并保存文件。

图 5-32 图案填充

 思考与练习

1. 什么是图块？图块的作用是什么？

2. 如何创建图块？

3. 要将创建的图块保存起来，使用的命令是什么？

4. 如何插入和分解图块？

5. 如何创建与编辑属性块？

6. 图案填充的命令是什么？

7. 如何编辑填充的图案？

8. 图案填充的步骤是什么？

9. 使用图案填充命令时，机械制图中的剖面线用哪一种图案？建筑制图中的混凝土用哪一种图案？

10. 填充钢筋混凝土材料的图案如何操作？

11. 填充的图案如何分解？

12. 填充的图案能改变角度吗？

13. 使用"ANSI31"进行图案填充时，设置的角度为 90°，则填充的图案与水平方向的夹角是多少度？

14. 自行查找五星红旗的图文资料，定义五角星为图块，完成五星红旗的图形绘制和图案填充。

第 6 章 文字与尺寸

思政目标

通过常用文字与尺寸命令的学习，学会标注工程图样。标注是工程制图中的重要内容，包括尺寸标注、技术要求标注等。工程图样的标注，可以准确地反映图样中各对象的大小和位置，并为生产加工提供依据，具有非常重要的作用。在工作中要养成良好的职业道德，认真负责的职业态度和严谨细致的工作作风。

注写文字与标注尺寸，是绘制工程图样的重要环节。工程图样的结构绘制完成后，接下来的任务就是要注写必要的技术要求、注释文字，标注各部分的尺寸。

6.1 文 字

6.1.1 创建文字样式

注写文字前，首先要创建符合工程图样标准的文字样式。AutoCAD 2020 默认的文字样式为 Standard，默认字体为 txt.shx。

(1) 命令输入。

文字样式的几种操作方式如下：

功能区：单击"默认"选项卡→"注释"面板→"文字样式"按钮 A；单击"注释"选项卡→"文字"面板→右下角的按钮 。

命令行：STYLE✓。

菜单栏："格式(O)"→"文字样式(S)"。

(2) 操作说明。

上述命令用于创建新文字样式或修改已有的文字样式。通过该命令，可激活"文字样式"对话框，如图 6-1 所示。下面对"文字样式"对话框中的各选项进行说明。

① 样式(S)：用于对文字样式进行命名、重命名或删除。样式名称最多可有 31 个字符，包括字母、数字和特殊字符。若用户创建一种新样式，系统自动命名为：样式 n，n 从 1 开始计数，每创建一种新样式，其值增加 1。

② 字体：用于选择字体、字体样式。

③ 大小：用于设定字体高度。若高度为 0，则字高不固定，在使用文字命令时，系统将提示用户输入高度值。若高度用非 0 定义，则文字有固定高度。

④ 效果：用于设置文字排列方式、高度因子及倾斜角度。

⑤ 预览：预览其左侧文字框中输入的文字效果。

图 6-1　"文字样式"对话框

6.1.2　注写文字

在 AutoCAD 2020 中，输入文字的命令有两个：TEXT 和 MTEXT。其中，TEXT 可生成单行文字；MTEXT 可在规定区域生成多行段落文字。

1. 单行文字

单行文字命令为"TEXT"，用于在图形中输入文字，这些文字是以"行"为单位各自独立的文字。

(1) 命令输入。

单行文字的几种操作方式如下：

功能区：单击"默认"选项卡→"注释"面板→"单行文字"按钮 A；单击"注释"选项卡→"文字"面板→"单行文字"按钮 A。

工具栏：单击"文字"工具栏→"单行文字"按钮 A。

命令行：TEXT↙。

菜单栏："绘图(D)"→"文字(X)"→"单行文字(S)"。

(2) 操作说明。

命令：TEXT↙

当前文字样式："Standard" 文字高度：2.5000　注释性：否　对正：左

指定文字的起点　或 [对正(J)/样式(S)]:

指定高度 <2.5000>:

指定文字的旋转角度 <0>:

上述提示含有多种选择，分别说明如下：

① 指定文字的起点。指定文字对象的起点。在单行文字的在位文字编辑器中，输入文字。

仅在当前文字样式不是注释性且没有固定高度时，才显示"指定高度"提示。

仅在当前文字样式为注释性时才显示"指定图纸文字高度"提示。

② 对正(J)。控制文字的对正。执行该选项则命令行提示：

输入选项 [左(L)/居中(C)/右(R)/对齐(A)/中间(M)/布满(F)/左上(TL)/中上(TC)/右上(TR)/左中(ML)/正中(MC)/右中(MR)/左下(BL)/中下(BC)/右下(BR)]:

该命令下共有 15 个选项：

- 左(L)：在由用户给出的点指定的基线上左对正文字。
- 居中(C)：在由用户给出的点指定的基线上水平中心对齐文字。
- 右(R)：在由用户给出的点指定的基线上右对正文字。
- 对齐(A)：通过指定基线端点来指定文字的高度和方向。字符的大小根据其高度按比例调整。文字字符串越长，字符越矮。
- 中间(M)：文字在基线的水平中点和指定高度的垂直中点上对齐。中间对齐的文字不保持在基线上。"中间"选项与"正中"选项不同，"中间"选项使用的中点是所有文字包括下行文字在内的中点，而"正中"选项使用大写字母高度的中点。
- 布满(F)：指定文字按照由两点定义的方向和一个高度值布满一个区域。只适用于水平方向的文字。高度以图形单位表示，是大写字母从基线开始的延伸距离。指定的文字高度是文字起点到用户指定的点之间的距离。文字字符串越长，字符越窄，字符高度保持不变。
- 左上(TL)：在指定为文字顶点的点上左对正文字。只适用于水平方向的文字。
- 中上(TC)：以指定为文字顶点的点居中对正文字。只适用于水平方向的文字。
- 右上(TR)：以指定为文字顶点的点右对正文字。只适用于水平方向的文字。
- 左中(ML)：在指定为文字中间点的点上靠左对正文字。只适用于水平方向的文字。
- 正中(MC)：在文字的中央、水平和垂直居中对正文字。只适用于水平方向的文字。"正中"选项与"中央"选项不同，"正中"选项使用大写字母高度的中点，而"中央"选项使用的中点是所有文字包括下行文字在内的中点。
- 右中(MR)：以指定为文字的中间点的点右对正文字。只适用于水平方向的文字。
- 左下(BL)：以指定为基线的点左对正文字。只适用于水平方向的文字。
- 中下(BC)：以指定为基线的点居中对正文字。只适用于水平方向的文字。
- 右下(BR)：以指定为基线的点靠右对正文字。只适用于水平方向的文字。

③ 样式(S)。指定文字样式。文字样式决定文字字符的外观。创建的文字使用当前文字样式。输入 ? 将列出当前文字样式，关联的字体文件，字体高度及其他参数。

2. 多行文字

多行文字命令为"MTEXT"，用于输入多行文字，即"段落"文字，该多行文字为一个整体。

(1) 命令输入。

多行文字的几种操作方式如下：

功能区：单击"默认"选项卡→"注释"面板→"多行文字"按钮 ；单击"注释"选项卡→"文字"面板→"多行文字"按钮 A。

工具栏：单击"文字"工具栏→"多行文字"按钮 A。

命令行：MTEXT↙。

菜单栏："绘图(D)"→"文字(X)"→"多行文字(M)…"。

(2) 操作说明。

命令：MTEXT↙

当前文字样式："Standard" 文字高度：2.5　注释性：否

指定第一角点：(指定文字区域范围框的第一个角点)

指定对角点或 [高度(H)/对正(J)/行距(L)/旋转(R)/样式(S)/宽度(W)/栏(C)]:

在此提示下，指定文字区域范围框的另一个角点前，有几个选项可供选择。指定文字的另一个角点后，系统打开"多行文字编辑器"对话框，如图 6-2 所示。在其中可以设定文字字体、大小，输入文字等。

图 6-2　"多行文字编辑器"对话框

该对话框面板有样式、格式、段落、插入等多个选项框：

- 样式：用于选择文字样式。
- 格式：用于设置文字字体。
- 段落：用于设置对正和行距。
- 插入：用来在文字中插入特殊符号。

6.1.3　修改文字

文字输入后，有时需要进行修改，包括修改文字内容(命令为 TEXTEDIT)和修改文字特性(命令为 PROPERTIES)。

1. 修改文字内容

(1) 命令输入。

修改文字内容的几种操作方式如下:

快捷方式:双击需要修改的文字。

工具栏:单击"文字"工具栏→"编辑"按钮 A。

命令行:TEXTEDIT✓。

菜单栏:"修改(M)"→"对象(O)"→"文字(T)"→"编辑(E)…"。

(2) 操作说明。

命令:TEXTEDIT✓

当前设置:编辑模式=Multiple　　　　　　(编辑多个模式)

选择注释对象或 [放弃(U)/模式(M)]:　　　(可以直接选择文字对象,开始编辑)

选择注释对象或 [放弃(U)/模式(M)]: M　　(输入"M",进行模式选择操作)

输入文本编辑模式选项 [单个(S)/多个(M)] <Multiple>: S　　(选择编辑单个模式)

当前设置:编辑模式=Single　　　　　　(编辑单个模式)

选择注释对象或 [模式(M)]:　　　　　　(选择文字对象)

选择待编辑的文字对象,如果该文字是由"TEXT"命令输入的单行文字,则打开"编辑文字"对话框,如图 6-3 所示,在相应的文字框中重新输入文字。

$$123456-NEW$$

图 6-3　"编辑文字"对话框

如果该文字是由"MTEXT"命令输入的多行文字,则打开"多行文字编辑器"对话框,如图 6-4 所示,在相应的文字框中重新输入文字。

图 6-4　"多行文字编辑器"对话框

2. 修改文字特性

(1) 命令输入。

修改文字特性的几种操作方式如下:

工具栏:单击"标准"工具栏→"特性"按钮 ▤。

命令行:PROPERTIES✓。

菜单栏:"修改(M)"→"特性(P)"。

(2) 操作说明。

该命令可修改编辑已有文字的各个属性。首先激活"特性"命令，再选择文字对象，打开"特性"对话框，如图 6-5 所示。该对话框的下拉列表框，用于显示所选对象；其右侧为"快速选择"按钮。

激活"文字"分类中的"样式"项，可打开文字类型名称列表框并进行设置。

激活"文字"分类中的"内容"项，可以更改文字内容。

图 6-5　"特性"对话框

6.1.4　注写特殊符号

在实际绘图中，常常需要标注一些特殊字符。这些字符无法通过常用输入方法输入，需要借助 AutoCAD 软件提供的工程图特殊字符的标注功能来实现。

1. 双百分号控制符

AutoCAD 2020 采用双百分号"%%"控制码，可实现一些工程图特殊字符的标注，常用特殊字符与其控制码如表 6-1 所示。

表 6-1　常用特殊字符与其控制码对照表

控制码	含　义	输入内容	输出结果
%%D	标注符号"°"	45%%D	45°
%%P	标注符号"±"	%%P100	±100
%%C	标注符号"φ"	%%C50	φ50

2. 字符映射表

有些特殊字符可在 AutoCAD 2020 的字符映射表中选取。在"多行文字编辑器"对话框中单击"@符号"按钮，选择"其他…"项，打开"字符映射表"对话框，如图 6-6 所示，选取所需的特殊符号。

图 6-6　"字符映射表"对话框

6.2　尺　寸

在 AutoCAD 2020 中，尺寸标注命令的调用方法有：

(1) "注释"面板的相应按钮，如图 6-7 所示。

图 6-7　"注释"面板

(2) "标注"下拉菜单栏的相应子菜单栏，如图 6-8 所示。

(3) "标注"工具栏的相应按钮，如图 6-9 所示。

(4) 直接在命令行中输入标注命令。

图 6-8　"标注"下拉菜单栏

图 6-9　"标注"工具栏

6.2.1　标注样式

针对工程图中的线性尺寸、角度尺寸、半径尺寸、直径尺寸和图纸打印输出比例等不同情况，要先分类设置符合国家标准的标注样式。标注时再选取合适的标注样式，进行标注。

设置标注样式时，由于系统可以继承已有尺寸样式的属性，因此可选择一个与将要设置的样式最相近的样式作为基础，修改与其不同的选项即可得到需要的样式。设置时通过预览图案，可观察每一个选项对标注样式的影响，从而快速创建需要的标注样式。设置标注样式需通过"标注样式管理器"来进行。

1. 标注样式管理器

(1) 命令输入。

设置标注样式的几种操作方式如下：

功能区：单击"默认"选项卡→"注释"面板→"标注样式"按钮 ；单击"注释"选项卡→"标注"面板→右下角的按钮 。

工具栏：单击"标注"工具栏→"标注样式"按钮 。

命令行：DIMSTYLE✓。

菜单栏："格式(O)"→"标注样式(D)"。

(2) 操作说明。

命令：DIMSTYLE↙

打开标注样式管理器对话框，如图 6-10 所示。

图 6-10　"标注样式管理器"对话框

其各选项的功能如下：

① 当前标注样式：显示当前的标注样式。

② 样式(S)：显示设定的所有标注样式，其中当前样式高亮显示。

③ 预览区：显示当前标注样式的预览图形。

④ 列出列表框：选择列出样式的种类。

⑤ "置为当前"按钮：将选中的标注样式指定为当前样式。

⑥ "新建"按钮：打开创建新标注样式对话框，如图 6-11 所示。

⑦ "修改"按钮：打开修改标注样式对话框，用来修改在样式窗口中选中的标注样式。

⑧ "替代"按钮：打开替代当前样式对话框，用以设置临时的标注样式。

⑨ "比较"按钮：打开比较标注样式对话框，用来比较两种标注样式的区别。

图 6-11　"创建新标注样式"对话框

2. 创建新标注样式

若系统提供的标注样式不能满足需要时，必须设置新的标注样式。设置步骤如下：

(1) 在命令行输入"DIMSTYLE"，打开"标注样式管理器"对话框(如图 6-10 所示)。

(2) 单击"新建"按钮，打开"创建新标注样式"对话框，如图 6-11 所示。

(3) 在"新样式名"文字框输入新样式的名称，如"MY-DIMSTYLE3"。在"基础样式"列表中选择一种已有样式作为新样式的基础，新样式继承它的所有属性。

(4) 单击"继续"按钮，打开"新建标注样式"对话框，如图 6-12 所示。

说明："修改标注样式"对话框和"替代当前样式"对话框与"新建标准样式"对话框基本相同，不再另述。

图 6-12　"新建标注样式"对话框

"新建标注样式"对话框有 7 个选项卡，下面分别进行说明。

(1)　"线"选项卡。

"线"选项卡用于设置尺寸线和尺寸界线样式属性，如图 6-13 所示。

图 6-13　"新建标注样式"对话框的"线"选项卡

① "尺寸线"选项组：用于设置尺寸线的属性。其中："颜色(C)""线型(L)""线宽(G)"

列表框分别用于设置尺寸线的颜色、线型与线宽；"超出标记(N)""基线间距(A)"文字框分别用于设置尺寸线伸出尺寸界线的长度(注：仅当箭头为"建筑标记""倾斜""小点""积分""无"等几种类型时才有效)及基线标注(一种标准方式)的尺寸线之间的距离；"隐藏"复选框用于设置是否不显示尺寸线 1 或尺寸线 2(注：标注时，靠近先选择端点一侧的一半尺寸线为尺寸线 1)。

② "尺寸界线"选项组：用于设置尺寸界线的属性。其中："颜色""线宽"列表框分别用于设置尺寸界线的颜色与线宽；"超出尺寸线""起点偏移量"文字框分别用于设置尺寸界线伸出尺寸线的长度及尺寸界线相对于尺寸起点的偏移距离；"隐藏"复选框用于设置是否不显示尺寸界线 1 或尺寸界线 2(注：标注时，靠近先选择端点一侧的尺寸界线为尺寸界线 1)。

(2) "符号和箭头"选项卡。

"符号和箭头"选项卡用于设置箭头、圆心标记等有关的样式属性，如图 6-14 所示。

① "箭头"选项组：控制尺寸终止符的外观。其中："第一个(T)""第二个(D)""引线(L)"列表框分别用于设定尺寸线与引线的箭头样式；"箭头大小"文字框用于设置箭头的大小。

② "圆心标记"选项组：设置圆心标记的类型与大小。

图 6-14　"新建标注样式"对话框的"符号和箭头"选项卡

(3) "文字"选项卡。

"文字"选项卡用于设置尺寸文字的格式、位置等，如图 6-15 所示。

① "文字外观"选项组：设定标注文字的外观。其中："文字样式""文字颜色"下拉列表分别用于设定标注文字的样式及颜色；"文字高度""分数高度比例"文字框分别用于设定尺寸文字的字高及分段比例；"绘制文字边框"复选框用于设定是否在尺寸文字外绘制边框。

② "文字位置"选项组：设定尺寸文字的位置。其中："垂直""水平"下拉列表分别

用于控制尺寸文字沿尺寸线的垂直位置与水平位置;"从尺寸线偏移"文字框用于设定尺寸文字与尺寸线之间的距离。

③ "文字对齐"选项组:控制尺寸文字的放置方式。

图 6-15 "新建标注样式"对话框的"文字"选项卡

(4) "调整"选项卡。

"调整"选项卡用于当尺寸界线之间的空间受到限制时,调整尺寸文字、箭头、引线和尺寸线的位置,如图 6-16 所示。

图 6-16 "新建标注样式"对话框的"调整"选项卡

① "调整选项(F)"选项组：用于控制如何安排文字和箭头的合适位置。若空间够用，系统将文字和箭头放到尺寸界线之间；若不够用，则依调整选项组中的设置来放置文字与箭头。

② "文字位置"选项组：用于控制当文字移出尺寸界线之外时文字的位置。

③ "标注特征比例"选项组：用于设定尺寸标注的比例。

④ "优化(T)"选项组：用于设定其他选项。

(5) "主单位"选项卡。

"主单位"选项卡用于设定主尺寸单位的精度和格式，以及尺寸文字的前缀和后缀，如图 6-17 所示。

图 6-17　"新建标注样式"对话框的"主单位"选项卡

① "线性标注"选项组：用于设定线性尺寸的格式和精度。其中："单位格式""精度""小数分隔符"下拉列表分别用于设置尺寸单位格式、尺寸精度及小数分隔符号；"舍入"文字框用来设置舍入精度。

② "测量单位比例"选项组：用于设定尺寸测量的比例。

③ "消零"选项组：用于控制显示小数点前后的零。

④ "角度标注"选项组：用于设定角度尺寸的格式和精度。

⑤ "消零"选项组：用于控制角度尺寸中小数点前后的零。

(6) "换算单位"选项卡。

"换算单位"选项卡用于设定换算单位的精度和格式，以及尺寸文字的前缀和后缀等，如图 6-18 所示，其中各选项类似于主单位选项卡。

图 6-18　"新建标注样式"对话框的"换算单位"选项卡

(7)　"公差"选项卡。

"公差"选项卡用于控制尺寸文字中公差的显示和格式，如图 6-19 所示。

图 6-19　"新建标注样式"对话框的"公差"选项卡

① "公差格式"选项组：用于控制公差的格式。

② "消零"选项组：用于控制如何显示公差中小数点前后的零。

③ "换算单位公差"选项组：用于设定单位精度。

④ "消零"选项组：用于控制替换单位公差中小数点前后的零。

6.2.2　标注尺寸

1. 线性标注

线性标注用于进行水平或垂直方向的尺寸标注，其命令为 DIMLINEAR。

(1) 命令输入。

线性标注的几种操作方式如下：

功能区：单击"默认"选项卡→"注释"面板→"线性"按钮⊢；单击"注释"选项卡→"标注"面板→"线性"按钮⊢。

工具栏：单击"标注"工具栏→"线性"按钮⊢。

命令行：DIMLINEAR✓。

菜单栏："标注(N)" → "线性(L)"。

(2) 操作说明。

命令：DIMLINEAR✓

指定第一条尺寸界线起点或<选择对象>：(拾取第一条尺寸界线的起点或直接回车)

若拾取一点，系统提示：

指定第二条尺寸界线起点：(拾取第二条尺寸界线的起点)

接着，系统提示：

指定尺寸线位置或

[多行文字(M)/文字(T)/角度(A)/水平(H)/垂直(V)/旋转(R)]：(指定位置)

系统提示：

标注文字 = 100(100 为指定两点之间的尺寸数值大小)

【示例 6-1】　以图 6-20 为例，练习线性尺寸标注。其左图标注数值为自动测量值，右图标注数值为人为输入值。操作如下：

图 6-20 左图，标注数值为自动测量值。

命令：DIMLINEAR✓

指定第一条尺寸界线起点或<选择对象>：(拾取点 A)

指定第二条尺寸界线起点：(拾取点 B)

指定尺寸线位置或[多行文字(M)/文字(T)/角度(A)/水平(H)/垂直(V)/旋转(R)]：(在线段 AB 附近合适位置拾取一点 C)

标注文字 = 34.9

图 6-20 右图，标注数值为手动输入值。

命令：DIMLINEAR✓

指定第一条尺寸界线起点或<选择对象>：(拾取点 A)

指定第二条尺寸界线起点：(拾取点 B)

指定尺寸线位置或[多行文字(M)/文字(T)/角度(A)/水平(H)/垂直(V)/旋转(R)]：T

输入标注文字 <34.9>：35

指定尺寸线位置或[多行文字(M)/文字(T)/角度(A)/水平(H)/垂直(V)/旋转(R)]：(在线段 AB 附近合适位置拾取一位置点 C)

标注文字 = 35

标注结果如图 6-20 所示。

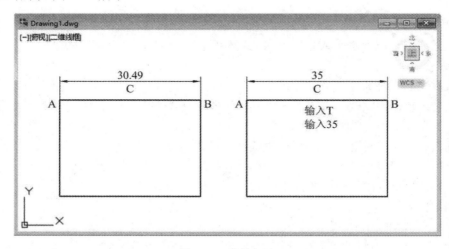

图 6-20　线性标注

2. 对齐标注

对齐标注用于沿直线方向或以两尺寸界线起点连线为尺寸线方向进行标注，其命令为：DIMALIGNED。

(1) 命令输入。

对齐标注的几种操作方式如下：

功能区：单击"默认"选项卡→"注释"面板→"对齐"按钮 ；单击"注释"选项卡→"标注"面板→"对齐"按钮 。

工具栏：单击"标注"工具栏→"对齐"按钮 。

命令行：DIMALIGNED✓。

菜单栏："标注(N)"→"对齐(G)"。

(2) 操作说明。

命令：DIMALIGNED✓

指定第一条尺寸界线起点或<选择对象>：(拾取第一条尺寸界线的起点或按回车)

若拾取一点，系统接着提示：

指定第二条尺寸界线起点：(拾取第二条尺寸界线的起点)

接着，继续提示如下：

指定尺寸线位置或[多行文字(M)/文字(T)/角度(A)]：

此时移动鼠标，可以看到尺寸线的位置随光标移动。在确定尺寸的位置之前，可选择括号中的任意选项；位置确定后，显示出所要标注线段的尺寸数值：

标注文字 = 100   (100 为标注线段的尺寸数值)

【**示例 6-2**】 以图 6-21 为例，练习对齐标注。操作步骤如下：

命令：DIMALIGNED↙

指定第一条尺寸界线起点或<选择对象>：   (拾取点 A)

指定第二条尺寸界线起点：   (拾取点 B)

指定尺寸线位置或[多行文字(M)/文字(T)/角度(A)]: (在线段 AB 附近合适位置拾取一点 C)

标注文字 = 15

标注结果如图 6-21 所示。

图 6-21   对齐标注

3. 基线标注

基线标注用于标注一组起始点相同的相关尺寸，其命令为：DIMBASELINE。

(1) 命令输入。

基线标注的几种操作方式如下：

功能区：单击"注释"选项卡→"标注"面板→"基线"按钮 。

工具栏：单击"标注"工具栏→"基线"按钮 。

命令行：DIMBASELINE↙。

菜单栏："标注(N)"→"基线(B)"。

(2) 操作说明。

命令：DIMBASELINE↙

指定第二条尺寸界线起点或[放弃(U)/选择(S)]<选择>: (拾取第二条尺寸界线的起点。注：使用基线标注之前须先标注出一个相关尺寸，基线标注以已标注尺寸的第一条尺寸界线作为自己的第一条尺寸界线)。

拾取后，系统标注出该尺寸，并提示：

标注文字 = 65(65 为标注线段的尺寸数值)。

接着又提示：

指定第二条尺寸界线起点或[放弃(U)/选择(S)]<选择>: (再拾取另一尺寸的第二条尺寸界线)

得到其尺寸大小如下。反复拾取直至相关尺寸标注完毕，回车结束该命令。

标注文字＝85(为指定第二条尺寸界线起点后得到的尺寸数值)

指定第二条尺寸界线起点或[放弃(U)/选择(S)]<选择>:

若标注完成，回车。提示如下：

选择基准标注：

再回车，结束。

- 选择(S)：用于选择第一条尺寸界线。执行后，系统提示：

选择基准标注： (选择基本尺寸)

- 放弃(U)：放弃前一个基线标注。

【示例6-3】 以图6-22为例，练习基线标注，操作如下：

(1) 先标注出一个尺寸，以它的第一条尺寸界线作为基线。单击 ，标注 AB 线段：

指定第一个尺寸界线原点或 <选择对象>: (拾取点 A)

指定第二条尺寸界线原点: (拾取点 B)

指定尺寸线位置或[多行文字(M)/文字(T)/角度(A)/水平(H)/垂直(V)/旋转(R)]: (点 C)

标注文字＝40 标注 AB 线段完成

(2) 进行基线标注。用基线标注，标注 AD、AE 线段：

命令：DIMBASELINE✓

指定第二条尺寸界线起点或[放弃(U)/选择(S)]<选择>: (拾取点 D)

标注文字＝65

指定第二条尺寸界线起点或[放弃(U)/选择(S)]<选择>: (拾取点 E)

标注文字＝85

指定第二条尺寸界线起点或[放弃(U)/选择(S)]<选择>: (回车)

选择基准标注：✓ 标注结束

标注结果如图6-22所示。

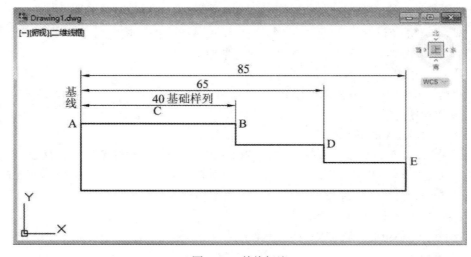

图 6-22 基线标注

4. 连续标注

连续标注用于标注连续尺寸，其命令为：DIMCONTINUE。标注时前一尺寸的第二尺寸界线为后一尺寸的第一尺寸界线。

(1) 命令输入。

连续标注的几种操作方式如下：

功能区：单击"注释"选项卡→"标注"面板→"连续"按钮 ▊▊。

工具栏：单击"标注"工具栏→"连续"按钮 ▊▊。

命令行：DIMCONTINUE✓。

菜单栏："标注(N)"→"连续(C)"。

(2) 操作说明。

命令：DIMCONTINUE✓

指定第二条尺寸界线起点或[放弃(U)/选择(S)]<选择>：(拾取第二个尺寸界线的起点。注：使用连续标注之前须先标注一个相关尺寸，连续标注以该尺寸的第二条尺寸界线作为自己的第一条尺寸界线)。

拾取后，系统自动给出该尺寸，并提示：

标注文字＝30(30 为标注线段的尺寸大小)

接着又提示：

指定第二条尺寸界线起点或[放弃(U)/选择(S)]<选择>：(拾取另一尺寸的第二尺寸界线)

反复拾取直至相关尺寸标注完毕，回车结束该命令。

标注文字＝20(为指定第二条尺寸界线起点后得到的尺寸数值)

指定第二条尺寸界线起点或[放弃(U)/选择(S)]<选择>：

若标注完成，回车。提示如下：

选择连续标注：

再回车，结束。

- 选择(S)：用于选择第一条尺寸界线。执行后，系统提示：

  选择连续标注：(选择要连续标注的线段的第二个端点)

- 放弃(U)：放弃前一个连续标注。

【示例 6-4】 以图 6-23 为例，练习连续标注，操作如下：

(1) 标注第一个尺寸(标注 AB 线段)：

命令：DIMLINEAR✓

指定第一个尺寸界线原点或 <选择对象>：(拾取点 A)

指定第二条尺寸界线原点：(拾取点 B)

指定尺寸线位置或[多行文字(M)/文字(T)/角度(A)/水平(H)/垂直(V)/旋转(R)]：(点 C)

标注文字＝40　 (标注 AB 线段完成)

(2) 进行连续标注。标注 BD、DE 线段：

命令：DIMCONTINUE✓

指定第二条尺寸界线起点或[放弃(U)/选择(S)]<选择>：(拾取点 D)

标注文字＝30

指定第二条尺寸界线起点或[放弃(U)/选择(S)]<选择>：(拾取点 E)

标注文字 = 20

指定第二条尺寸界线起点或[放弃(U)/选择(S)]<选择>：✓

选择连续标注：✓　标注结束

标注结果如图 6-23 所示。

图 6-23　连续标注

5. 半径标注

半径标注用于标注圆或圆弧的半径，其命令为：DIMRADIUS。

(1) 命令输入。

半径标注的几种操作方式如下：

功能区：单击"默认"选项卡→"注释"面板→"半径"按钮⟋；单击"注释"选项卡→"标注"面板→"半径"按钮⟋。

工具栏：单击"标注"工具栏→"半径"按钮⟋。

命令行：DIMRADIUS✓。

菜单栏："标注(N)" → "半径(R)"。

(2) 操作说明。

命令：DIMADIUS✓

选择圆弧或圆：　　　　　　　　　(拾取圆弧或圆)

则系统提示：

标注文字 = 66　　　　　　　(66 为标注对象的半径值)

指定尺寸线位置或[多行文字(M)/文字(T)/角度(A)]：(确定尺寸线的位置或编辑尺寸文字)

【示例 6-5】 以图 6-24 中为例，练习半径尺寸标注，操作如下：

命令：DIMRADIUS✓

选择圆弧或圆：　　　　　　　　　(拾取圆弧 1)

标注文字 = 30　　　　　　　　(符号"R"自动生成，如果要人为输入数值，就要用"R"。)

指定尺寸线位置或[多行文字(M)/文字(T)/角度(A)]：(在适当位置拾取一点 A)

标注结果如图 6-24 所示。

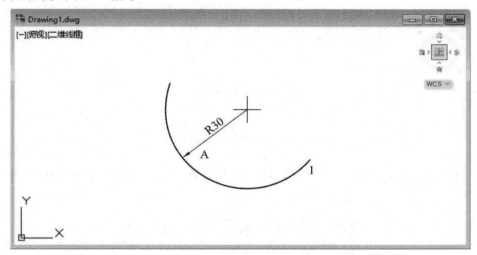

图 6-24　半径标注

6. 直径标注

直径标注用于标注圆或圆弧的直径，其命令为：DIMDIAMETER。

(1) 命令输入。

直径标注的几种操作方式如下：

功能区：单击"默认"选项卡→"注释"面板→"直径"按钮◯；单击"注释"选项卡→"标注"面板→"直径"按钮◯。

工具栏：单击"标注"工具栏→"直径"按钮◯。

命令行：DIMDIAMETER↙。

菜单栏："标注(N)"→"直径(D)"。

(2) 操作说明。

命令：DIMDIAMETER↙

选择圆弧或圆：　　　　　　　　　　(拾取圆弧或圆)

则系统提示：

标注文字 = 129　　　　　　　　(129 为标注对象的直径值)

指定尺寸线位置或[多行文字(M)/文字(T)/角度(A)]：(确定尺寸线的位置或编辑尺寸文字)

【示例 6-6】　以图 6-25 为例，练习直径尺寸标注，操作如下：

命令：DIMDIAMETER↙

选择圆弧或圆：　　　　　　(拾取圆 1)

标注文字 = 20 (符号"Φ"自动生成，如果要人为输入数值，就要用控制符"%%C"。)

指定尺寸线位置或[多行文字(M)/文字(T)/角度(A)]：(在适当位置拾取一点 A)

标注结果如图 6-25 所示。

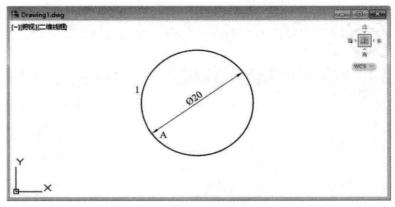

图 6-25　直径标注

说明：直径标注样式要符合国家标准要求，其设置在标注样式里实现，如图 6-26 所示。

图 6-26　"直径标注样式"国标化设置

7. 角度标注

角度标注用于两直线或三点间形成的角度值标注，其标注线是圆弧线，命令为：DIMANGULAR。

(1) 命令输入。

角度标注的几种操作方式如下：

功能区：单击"默认"选项卡→"注释"面板→"角度"按钮△；单击"注释"选项卡→"标注"面板→"角度"按钮△。

工具栏：单击"标注"工具栏→"角度"按钮△。

命令行：输入 DIMANGULAR↙。

菜单栏："标注(N)"→"角度(A)"。

(2) 操作说明。

命令：DIMANGULAR↙

选择圆弧、圆、直线或 <指定顶点>：

选择第二条直线：

指定标注弧线位置或 [多行文字(M)/文字(T)/角度(A)/象限点(Q)]:

标注文字 = 50　　　　　　　(50 为两直线的夹角度数)

选择圆弧、圆、直线或<指定顶点>: (选择待标注的圆弧、圆、直线或直接回车)

以上说明包含多个选项，说明如下:

① 选择圆弧。选择一段圆弧，标注该圆弧的中心角，系统提示:

指定标注弧线位置或 [多行文字(M)/文字(T)/角度(A)/象限点(Q)]: (在圆弧附近拾取一点)

则系统提示:

标注文字 = 135(135 为标注圆弧的中心角)

② 选择圆。在圆上拾取一点，系统提示:

指定角的第二个端点: (在圆上或圆外确定一点)

系统接着提示:

指定标注弧线位置或 [多行文字(M)/文字(T)/角度(A)/象限点(Q)]: (确定尺寸线的位置或编辑设定尺寸文字)

若确定一点，则系统提示:

标注文字 = 105(105 为标注圆上两确定点的中心角度数)

③ 选择直线。拾取夹角的第一条直线后，系统提示:

选择第二条直线: (拾取夹角的第二条直线)

系统接着提示:

指定标注弧线位置或 [多行文字(M)/文字(T)/角度(A)/象限点(Q)]: (确定尺寸线的位置或编辑设定尺寸文字)。

若确定一点，则系统提示:

标注文字 = 61(61 为标注两直线间的夹角度数)

④ 直接回车。回车后，系统提示:

指定角的顶点: (拾取一点作为角点)

接着提示:

指定角的第一个端点: (拾取一点作为第一个端点)

接着提示:

指定角的第二个端点: (再拾取一点作为第二个端点)

标注此两点到角点连线的夹角，接着提示:

指定标注弧线位置或 [多行文字(M)/文字(T)/角度(A)/象限点(Q)]: (确定尺寸线的位置或编辑设定文字)

若位置确定后，则显示:

标注文字 = 61(61 为选定两点到角点连线的夹角度数)

【示例 6-7】　以图 6-27 为例，练习角度标注，操作如下:

命令: DIMANGULAR↙

选择圆弧、圆、直线或<指定顶点>: (拾取直线 A)

选择第二条直线: (拾取直线 B)

指定标注弧线位置或 [多行文字(M)/文字(T)/角度(A)/象限点(Q)]: (在两线内侧附近拾取一点 C)

标注文字 = 30 (符号 "°" 自动生成，如果要人为输入数值，则 "T" 选项后，就要用控制符 "%%D"。)

标注结果如图 6-27 所示。

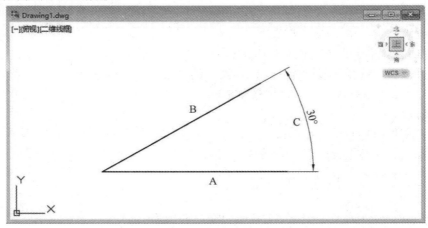

图 6-27　角度标注

说明："角度标注样式"要符合国家标准要求，其设置在标注样式里实现。如图 6-28 所示。

图 6-28　"角度标注样式"国标化设置

6.2.3　编辑尺寸

1. 编辑标注

编辑标注用于编辑标注文字和尺寸界线。包括旋转、修改或恢复标注文字，更改尺寸界线的倾斜角等，其命令为：DIMEDIT。

(1) 命令输入。

编辑标注的几种操作方式如下：

工具栏：单击"标注"工具栏→"编辑标注"按钮 。

命令行：DIMEDIT↙。

(2) 操作说明。

命令：DIMEDIT↙

输入标注编辑类型 [默认(H)/新建(N)/旋转(R)/倾斜(O)] <默认>：

以上说明包含多个选项，说明如下：

① 默认(H)：将旋转标注文字移回默认位置。将选定的标注文字移回到由标注样式指定的默认位置和旋转角。

② 新建(N)：使用在位文字编辑器更改标注文字。用尖括号<>表示生成的测量值。用控制代码和 Unicode 字符串来输入特殊字符或符号。

要编辑或替换生成的测量值，先删除尖括号，再输入新的标注文字，然后选择"确定"。如果标注样式中未打开换算单位，可以通过输入方括号[ ]来显示它们。

③ 旋转(R)：用于旋转标注文字。此选项与 DIMTEDIT 的"角度"选项类似。

输入"0"将标注文字按缺省方向放置。缺省方向由"新建标注样式"对话框、"修改标注样式"对话框和"替代当前样式"对话框中的"文字"选项卡上的"垂直"和"水平"文字设置进行设置。

④ 倾斜(O)：当尺寸界线与图形的其他要素冲突时，"倾斜"选项将很有用处。特别说明：这里的"倾斜角"是从 UCS 的 X 轴进行测量的，即"倾斜角"是绝对角度值，而不是相对角度值。

【示例 6-8】 以图 6-29 为例，练习编辑标注，操作如下：

命令：DIMEDIT↙

输入标注编辑类型 [默认(H)/新建(N)/旋转(R)/倾斜(O)] <默认>：O

选择对象：找到 1 个

选择对象：(按 ENTER 表示无)

输入倾斜角度：20　　(新位置的绝对角度值)

标注结果如图 6-29 所示。

图 6-29　编辑标注

2. 编辑标注文字

编辑标注文字用于移动和旋转标注文字并重新定位尺寸线，包括更改或恢复标注文字的位置，对正方式和角度，更改尺寸线的位置，其命令为 DIMTEDIT。在许多情况下，选择和编辑标注文字夹点可以是一个便捷的替代方式。

(1) 命令输入。

编辑标注文字的几种操作方式如下：

工具栏：单击"标注"工具栏→"编辑标注文字"按钮 。

命令行：DIMTEDIT✓。

(2) 操作说明。

命令：DIMTEDIT✓

选择标注：

为标注文字指定新位置或 [左对齐(L)/右对齐(R)/居中(C)/默认(H)/角度(A)]：

以上说明含有多个选项，说明如下：

① 选择标注：指定标注对象。

② 标注文字的位置：指定标注文字的新位置。标注和尺寸界线将自动调整。尺寸样式决定标注文字显示在尺寸线的上方、下方还是中间。

③ 左对齐(L)：沿尺寸线左对正标注文字。此选项只适用于线性、半径和直径标注。

④ 右对齐(R)：沿尺寸线右对正标注文字。此选项只适用于线性、半径和直径标注。

⑤ 居中(C)：将标注文字放在尺寸线的中间。此选项只适用于线性、半径和直径标注。

⑥ 默认(H)：将标注文字移回默认位置。

⑦ 角度(A)：修改标注文字的角度。文字的中心并没有改变。如果移动了文字或重生成了标注，文字角度的方向保持不变。输入角度 0，将使标注文字以默认方向放置。文字角度从 UCS 的 X 轴进行测量。

【示例 6-9】 以图 6-30 为例，练习编辑标注，操作如下：

命令：DIMTEDIT✓

选择标注：(1 选择)

为标注文字指定新位置或 [左对齐(L)/右对齐(R)/居中(C)/默认(H)/角度(A)]：(2 新位置)

标注结果如图 6-30 所示。

图 6-30　编辑标注文字

思考与练习

1. 绘制如图 6-31 所示的图形，并标注尺寸。
2. 绘制如图 6-32 所示的图形，并标注尺寸。

图 6-31

图 6-32

3. 绘制如图 6-33 所示的图形，并注写文字。

图 6-33

4. 绘制如图 6-34 所示的图形，并标注尺寸。

图 6-34

5. 绘制如图 6-35 所示的图形，并标注尺寸。

图 6-35

6. 绘制如图 6-36 所示的图形，并标注尺寸。

平面图 1：50

图 6-36

7. 上网查询高铁轮零件结构，绘图并标注尺寸和技术要求。

第 7 章 三 维 建 模

 思政目标

通过常用三维建模命令的学习，学会产品的三维建模。在现代化工业生产中，产品设计采用的手段和加工方法均已发生了颠覆性的变革，设计从传统的二维图形转化成现代三维数字化模型，模型建立以后，不但可以实现产品的空间功能分析，还可以进行动态模拟仿真，从而进一步修改、完善已有的设计，提高产品设计质量。科技的进步与发展，要求我们要养成终身学习的理念，积极主动吸收新知识、新理念，更好地适应社会发展，做一名与时俱进的工科人。

7.1 概　　述

AutoCAD 2020 默认的工作空间是"草图与注释"，用于二维绘图。进行三维建模时要先将工作空间切换为"三维建模"。

AutoCAD 2020 提供的三维模型有以下三种：

(1) 线框模型。线框模型描绘的是三维对象的框架，不含表面信息，仅由描述对象边界的点、直线和曲线组成，不能进行消隐、渲染等操作。用户可以在三维空间用二维绘图的方法命令创建线框模型。线框模型如图 7-1(a)所示。

(2) 表面模型。表面模型要比线框模型复杂，它不仅定义了三维对象的边界，而且还定义了三维对象的面，但它不具备实体模型所提供的质量、重心等物理量，表面模型可进行消隐、渲染等操作。表面模型如图 7-1(b)所示。

(3) 实体模型。实体模型是含有内部结构信息的三维模型，实体模型一般以线框显示，除非用户对其进行消隐、阴影和渲染等处理。实体模型如图 7-1(c)所示。

(a) 线框模型　　　　　　　(b) 表面模型　　　　　　　(c) 实体模型

图 7-1　三维模型的种类

由于篇幅所限，本章仅对使用实体模型进行三维建模做一介绍。在 AutoCAD 2020 中，建模命令的调用方法如下：

(1) "建模"面板的相应按钮，如图 7-2 所示。

图 7-2　"建模"面板

(2) "建模"下拉菜单栏中的相应子菜单，如图 7-3 所示。

图 7-3　"建模"下拉菜单栏

(3) "建模"常用工具栏中的相应按钮，如图 7-4 所示。

图 7-4　"建模"常用工具栏

(4) 直接在命令行中输入建模命令。

7.2 用户坐标系

AutoCAD 2020 有两个坐标系：一个是被称为世界坐标系(WCS)的固定坐标系，一个是被称为用户坐标系(UCS)的可移动坐标系。默认情况下，这两个坐标系在新图形中是重合的。

通常在二维视图中，WCS 的 X 轴水平，Y 轴垂直，原点为 X 轴和 Y 轴的交点(0,0)。图形文件中的所有对象均由 WCS 坐标定义，但是，使用可移动的 UCS 创建和编辑对象通常更方便，下面对 UCS 进行详细说明。

1. UCS 图标显示控制

UCS 图标的原点可以改变，AutoCAD 2020 显示和定位 UCS 的命令是 UCSICON。

(1) 命令输入。

控制 UCS 图标的几种操作方式如下：

功能区：单击"视图"选项卡的"视图工具"面板中的"UCS 图标"按钮⚞。

命令行：UCSICON✓。

菜单栏："视图(V)"→"显示(L)"→"UCS 图标(U)"→"开(O)"。

(2) 操作说明。

命令：UCSICON✓

输入选项 [开(ON)/关(OFF)/全部(A)/非原点(N)/原点(OR)/可选(S)/特性(P)] <开>：

其中各选项的含义如下：

① 开(ON)/关(OFF)：是否显示 UCS 图标，如图 7-5 所示。

图 7-5　是否显示"UCS 图标"

② 全部(A)：控制 UCS 图标的改变是影响所有窗口还是仅对当前窗口产生影响。

③ 非原点(N)：将 UCS 图标置于窗口的左下角，而不是在 UCS 原点处。

④ 原点(O)：在当前 UCS 的原点处显示 UCS 图标，若 UCS 的原点在屏幕之外，则图标仍在当前窗口的左下角处。

⑤ 可选(S)：控制是否允许选择 UCS 图标。

⑥ 特性(P)：显示"UCS 图标"对话框，如图 7-6 所示，可以设置 UCS 图标。

图 7-6 "UCS 图标"对话框

2. 定义 UCS

用户坐标系可以重新定位和旋转，以便使用坐标输入、栅格显示、栅格捕捉、正交模式和其他图形工具。在 AutoCAD 2020 中，定义 UCS 的命令是 UCS。

(1) 命令输入。

定义 UCS 的几种操作方式如下：

功能区：单击"常用"选项卡的"坐标"面板中的"UCS"按钮；单击"可视化"选项卡的"坐标"面板中的"UCS"按钮。

工具栏：单击"UCS"工具栏中的"UCS"按钮。

命令行：UCS↙。

菜单栏："工具(T)" → "新建 UCS(W)" → "相应的子菜单选项"。

(2) 操作说明。

命令：UCS↙

当前 UCS 名称：*世界*

指定 UCS 的原点或 [面(F)/命名(NA)/对象(OB)/上一个(P)/视图(V)/世界(W)/X/Y/Z/Z 轴(ZA)] <世界>:

其中各选项的含义如下：

① 指定 UCS 的原点：指定新原点定义 UCS，各轴方向保持不变，如图 7-7 所示。

图 7-7 指定新原点定义新 UCS

② 面(F)：根据选定平面定义一个新的 UCS，用鼠标单击该平面即可，选定的面作为新 UCS 的 XOY 坐标面。离拾取点最近的点为原点，离拾取点最近的边为 X 轴；用参数 N 可以切换到下一个面，用参数 X 可以翻转 Y 轴，用参数 Y 可以翻转 X 轴，如图 7-8 所示。

图 7-8　指定平面定义新 UCS

③ 命名(NA)：选择该选项后，命令行提示：

　　　输入选项 [恢复(R)/保存(S)/删除(D)/?]：

以上选项可恢复已命名的 UCS，或命名保存当前 UCS，或删除已命名的 UCS。

④ 对象(OB)：指定一个图形对象定义一个新的 UCS。如果选中的是直线，则原点便是离拾取点较近的端点，以该直线为 X 轴；若是圆，则原点为圆心，X 轴通过拾取点；若是圆弧，则原点为圆弧圆心，X 轴通过离拾取点较近的圆弧端点。

⑤ 上一个(P)：逐次恢复显示以前存储的 UCS。程序会保留在图纸空间中创建的最后 10 个坐标系和在模型空间中命令创建的最后 10 个坐标系。

⑥ 视图(V)：将新 UCS 的 XOY 面设置在与屏幕平行的平面上，而原点保持不变。即实体不动而转动坐标系，使 XOY 面与屏幕平行，如图 7-9 所示。

图 7-9　定义新 UCS 的 XOY 面与屏幕平行

⑦ 世界(W)：将当前用户坐标系设置为世界坐标系，WCS 是所有用户坐标系的基准，不能被重新定义。

⑧ X/Y/Z：分别绕 X、Y、Z 轴旋转指定角度以定义新的 UCS，其旋转角度方向符合右手定则，如图 7-10 所示。

图 7-10　分别绕 X、Y、Z 轴旋转指定角度定义新 UCS

⑨ Z 轴(ZA)：通过指定两点定义一个新的 UCS，第一点为坐标原点，第二点为 Z 轴正方向。

3. 显示指定用户坐标系的 XOY 平面的正交视图

在 WCS 下，图形的平面视图是指从视点(0,0,1)进行观察得到的视图(即 WCS 下的 XOY 平面)。同理，在 UCS 下图形的平面视图，是相对于所选择 UCS 从视点(0,0,1)进行观察所得到的视图(即 UCS 下的 XOY 平面)。

UCS 下图形的平面视图在进行三维建模时经常使用，通过平面视图可以直观地观察与判断各个图形的相对关系和位置。PLAN 命令相当于整体转动实体和其坐标系，使 UCS 的 XOY 面与屏幕平面平行，如图 7-11 所示。

图 7-11　"PLAN"命令显示 UCS 下的平面视图

(1) 命令输入。

显示指定坐标系的 XOY 平面的正交视图的几种操作方式如下：

命令行：PLAN✓。

菜单栏："视图(V)" → "三维视图(D)" → "平面视图(P)" → "相应的子菜单选项"。

(2) 操作说明。

命令：PLAN✓

输入选项 [当前 UCS(C)/UCS(U)/世界(W)] <当前 UCS>：✓

正在重生成模型。

7.3 观察三维实体

对三维实体可以从不同方向进行观察(WCS 或 UCS 下均可)，这时三维实体和其上的坐标系为一整体，随着观察方向的改变，屏幕上 WCS 或 UCS 的图标及三维实体的图形一同发生变化。对三维实体进行观察，有许多方法，下面仅介绍两种常用方法。

1. 利用"视图"工具栏观察三维实体

利用"视图"工具栏，如图 7-12 所示，通过相应按钮可以快速选择一些特殊视点观察三维实体，如常用的主视图、俯视图、左视图、西南等轴测图等，如图 7-13 所示。

图 7-12 "视图"工具栏

图 7-13 利用"视图"工具栏选择特殊视点观察实体

在绘制三维图形时要习惯使用"视图"工具栏上的按钮，以方便作图，提高效率。一方面可以利用基本视图如主视、俯视、左视等命令快速转换方向分别作图，减少或避免使用 UCS，且这时二维命令同样适用三维对象；另一方面还可以利用轴测视图方便观察三维图形立体效果。

2. 利用轨迹球动态观察三维实体

轨迹球可以用来动态、交互地观察三维实体。

(1) 命令输入。

工具栏：单击"动态观察"工具栏中的"自由动态观察"按钮。

命令行：3DFORBIT↙。

菜单栏："视图(V)" → "动态观察(B)" → "自由动态观察(F)"。

(2) 操作说明。

命令：3DFORBIT↙

按 Esc 或回车键退出，或者单击鼠标右键显示快捷菜单。

这时屏幕上便出现了一个圆形的轨迹球，坐标系的图标变成彩色，十字光标也发生了变化，如图 7-14 所示，这表明 AutoCAD 2020 正进入交互式的视图状态。一直按着鼠标左键不放，并拖动鼠标，就可以旋转三维对象，从不同角度观察，当认为合适时便松开左键确认。

说明：观察三维实体后若要回到 AutoCAD 2020 默认的二维模式下，需选择"视图"工具栏上的"俯视"按钮 ▣ 和"视觉样式"工具栏上的"二维线框"按钮 ▢。

图 7-14　利用"3DFORBIT"命令动态观察三维实体

7.4　显示三维实体

1. 设置系统变量

影响三维实体表面光滑程度的系统变量主要有三个。

(1) ISOLINES。

操作说明：

　　命令：ISOLINES↙

　　输入 ISOLINES 的新值<4>：

变量 ISOLINES 用于设置三维实体上每个曲面的轮廓素线的数目，取值范围为 0～2047 的整数，默认值为 4。ISOLINES 取值与三维实体的关系，如图 7-15 所示。

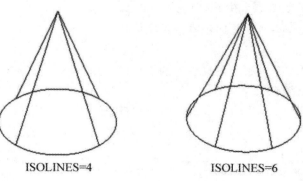

ISOLINES=4　　　　　　　ISOLINES=6

图 7-15　变量 ISOLINES 取值与三维实体的关系

(2) DISPSILH。

操作说明：

命令：DISPSILH↙

输入 DISPSILH 的新值<0>：

变量 DISPSILH 用于设置是否显示三维实体的轮廓线，其值为 1 时显示，为 0 时关闭显示，默认值为 0，属开关类型。DISPSILH 取值与三维实体的关系，如图 7-16 所示。

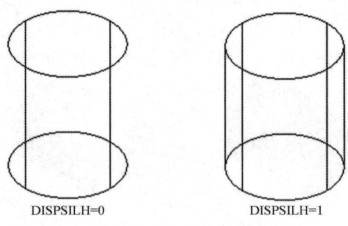

DISPSILH=0   DISPSILH=1

图 7-16 变量 DISPSILH 取值与三维实体的关系

(3) FACETRES。

操作说明：

命令：FACETRES↙

输入 FACETRES 的新值 <0.5000>：

当用户对三维实体进行消隐、阴影或渲染处理时，系统会自动将实体的每个面显示为由许多小三角形片构成的棱面，小三角片越多，则显示越光滑。

变量 FACETRES 用于控制面的光滑程度，其值为 0.01～10.0 的实数，默认值为 0.5。FACETRES 值越大，则进行消隐等操作时显示越光滑，操作的时间也越长。FACETRES 取值与三维实体的关系，如图 7-17 所示。

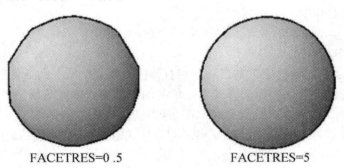

FACETRES=0 .5   FACETRES=5

图 7-17 变量 FACETRES 取值与三维实体的关系(概念效果对比)

说明：改变 ISOLINES 或 DISPSILH 的值后，需要单击下拉菜单中的"视图(V)"→"重新生成(G)"，来重新生成三维模型。

2. 设置视觉样式

设置当前视口的视觉样式类型，可改变其显示效果，如图 7-18 所示。

图 7-18 不同"视觉样式"的效果图

(1) 命令输入。

设置视觉样式的几种操作方式如下：

功能区：单击"常用"选项卡的"视图"面板中的"视觉样式"下拉框的相应按钮；单击"可视化"选项卡的"视觉样式"面板中的"视觉样式"下拉框的相应按钮。

工具栏：单击"视觉样式"工具栏中的相应按钮 。

命令行：VSCURRENT✓。

菜单栏："视图(V)"→"视觉样式(S)"→"相应的子菜单选项"。

说明：设置视觉样式常用的做法是调出工具栏进行操作。

(2) 操作说明。

命令：VSCURRENT✓

输入选项 [二维线框(2)/线框(W)/隐藏(H)/真实(R)/概念(C)/着色(S)/带边缘着色(E)/灰度(G)/勾画(SK)/X 射线(X)/其他(O)] <二维线框>：

其中各选项的含义为(对应工具栏从左到右各按钮或菜单从上到下各子菜单选项)：

① 二维线框(2)：默认的视觉样式，以单纯的线框模式来展示模型效果。该模式用直线和曲线表示对象的边界，其线型和线宽都是可见的。

② 线框(W)：又称三维线框，与"二维线框"样式相似，与之不同的是，该样式只能在三维空间中显示。该模式用直线和曲线表示对象的边界，界面显示一个已着色的三维 UCS 图标。

③ 隐藏(H)：使用三维线框来表示对象，并隐藏表示背面的线。

④ 真实(R)：着色时使对象的边平滑化，并显示已附着到对象的材质。

⑤ 概念(C)：着色时使对象的边平滑化，并使用冷色和暖色进行过渡。效果缺乏真实感，但是可以更方便地查看模型的细节。

⑥ 着色(S)：对模型表面进行平滑着色处理，不显示贴图样式。

⑦ 带边缘着色(E)：使用平滑着色显示对象，并显示对象的可见性。

⑧ 灰度(G)：在"概念"样式的基础上，添加平滑灰度着色效果。

⑨ 勾画(SK)：用延伸线和抖动边，使模型以手绘效果显示。

⑩ X 射线(X)：在"线框"样式的基础上，使整个模型半透明，并略带光影和材质。

7.5　创建三维实体

1. 长方体

长方体用于创建实心长方体或实心立方体，其命令为：BOX。该命令创建的实体如图 7-19 所示。

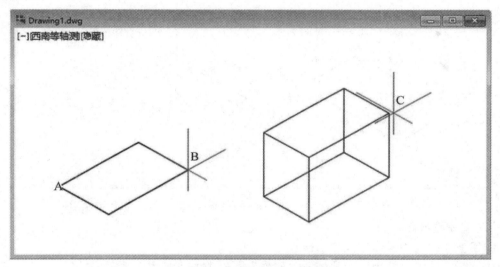

图 7-19　BOX 命令创建长方体或正方体

(1) 命令输入。

创建长方体的几种操作方式如下：

功能区：单击"常用"选项卡的"建模"面板中的"长方体"按钮 。

工具栏：单击"建模"工具栏中的"长方体"按钮 。

命令行：BOX✓。

菜单栏："绘图(D)"→"建模(M)"→"长方体(B)"。

(2) 操作说明。

命令：BOX✓

指定第一个角点或 [中心(C)]：(指定点 A 或输入 C 选择中心)

指定其他角点或[立方体(C)/长度(L)]：(指定长方体的另一角点 B 或输入选项，如果长方体的另一角点指定的 Z 值与第一个角点的 Z 值不同，将不显示高度提示。)

指定高度或[两点(2P)]：(指定高度 C 或输入 2P 使用"两点"选项，输入正值将沿当前 UCS 的 Z 轴正方向绘制高度，输入负值将沿 Z 轴负方向绘制高度。)

其中各选项的含义为：

① 中心(C)：使用指定的中心点命令创建长方体。

② 长度(L)：按照指定长宽高命令创建长方体。输入值的长度与 X 轴对应，宽度与 Y 轴对应，高度与 Z 轴对应。如果用拾取点来指定长度，还要指定 XY 平面上的旋转角度。

③ 两点(2P)：指定长方体的高度为两个指定点之间的距离。

2. 楔体

楔体用于创建面为矩形或正方形的实体楔体，命令为：WEDGE。该命令创建的实体如图 7-20 所示。

图 7-20　WEDGE 命令创建楔体

(1) 命令输入。

创建楔体的几种操作方式如下：

功能区：单击"常用"选项卡的"建模"面板中的"楔体"按钮 📐。

工具栏：单击"建模"工具栏中的"楔体"按钮 📐。

命令行：WEDGE↙。

菜单栏："绘图(D)" → "建模(M)" → "楔体(W)"。

(2) 操作说明。

命令：WEDGE↙

指定第一个角点或 [中心(C)]：(指定点 A 或输入 C 指定中心点)

指定其他角点或 [立方体(C)/长度(L)]：(指定楔体的其他角点 B 或输入选项，如果使用与第一个角点不同的 Z 值指定楔体的其他角点，那么将不显示高度提示。)

指定高度或 [两点(2P)]<默认值>：(指定高度 C 或输入 2P 使用"两点"选项，输入正值将沿当前 UCS 的 Z 轴正方向绘制高度，输入负值将沿 Z 轴负方向绘制高度。)

3. 圆锥体

圆锥体用于创建底面为圆形或椭圆的尖头圆锥体或圆台，命令为：CONE。该命令创建的实体如图 7-21 所示。

图 7-21　CONE 命令创建圆锥体或椭圆锥体

(1) 命令输入。

创建圆锥体的几种操作方式如下：

功能区：单击"常用"选项卡的"建模"面板中的"圆锥体"按钮△。

工具栏：单击"建模"工具栏中的"圆锥体"按钮△。

命令行：CONE✓。

菜单栏："绘图(D)" → "建模(M)" → "圆锥体(O)"。

(2) 操作说明。

命令：CONE✓

指定底面的中心点或 [三点(3P)/两点(2P)/切点、切点、半径(T)/椭圆(E)]：(指定点 A 或输入选项)

指定底面半径或[直径(D)] <默认值>：(指定底面半径点 B、输入 D 指定直径或按 ENTER 键指定默认的底面半径值)

指定高度或[两点(2P)/轴端点(A)/顶面半径(T)]<默认值>：(指定高度点 C、输入选项或按 ENTER 键指定默认高度值)

4. 球体

球体用于创建三维实体球体，命令为：SPHERE。该命令创建的实体如图 7-22 所示。

图 7-22　SPHERE 命令创建球体

(1) 命令输入。

创建球体的几种操作方式如下：

功能区：单击"常用"选项卡的"建模"面板中的"球体"按钮⬤。

工具栏：单击"建模"工具栏中的"球体"按钮⬤。

命令行：SPHERE✓。

菜单栏："绘图(D)" → "建模(M)" → "球体(S)"。

(2) 操作说明。

> 命令：SPHERE✓
>
> 指定中心点或 [三点(3P)/两点(2P)/切点、切点、半径(T)]：(指定点 A 或输入选项)
>
> 指定半径或 [直径(D)]<默认值>：(指定半径点 B、输入 D 指定直径或按 ENTER 键指定默认的

半径值)

5. 圆柱体

圆柱体用于创建以圆或椭圆为底面的实体圆柱体，命令为：CYLINDER。该命令创建的实体如图 7-23 所示。

图 7-23　CYLINDER 命令创建圆柱体或椭圆柱体

(1) 命令输入。

创建圆柱体的几种操作方式如下：

功能区：单击"常用"选项卡的"建模"面板中的"圆柱体"按钮🛢。

工具栏：单击"建模"工具栏中的"圆柱体"按钮🛢。

命令行：CYLINDER✓。

菜单栏："绘图(D)" → "建模(M)" → "圆柱体(C)"。

(2) 操作说明。

> 命令：CYLINDER✓
>
> 指定底面的中心点或 [三点(3P)/两点(2P)/切点、切点、半径(T)/椭圆(E)]：(指定点 A 或输入选项)
>
> 指定底面半径或 [直径(D)]<默认值>：(指定底面半径点 B、输入 D 指定直径或按 ENTER 键指

定默认的底面半径值)

> 指定高度或 [两点(2P)/轴端点(A)]<默认值>：(指定高度点 C、输入选项或按 ENTER 键指定默

认高度值)

6. 圆环体

圆环体用于创建类似于轮胎内胎的环形实体，命令为：TORUS。该命令创建的实体如图 7-24 所示。

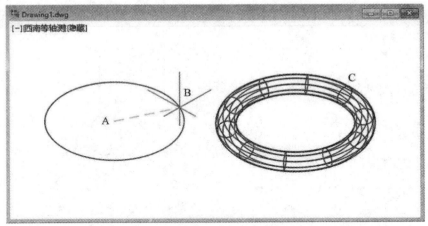

图 7-24　TORUS 命令创建圆环体

(1) 命令输入。

创建圆环体的几种操作方式如下：

功能区：单击"常用"选项卡的"建模"面板中的"圆环体"按钮 ◎。

工具栏：单击"建模"工具栏中的"圆环体"按钮 ◎。

命令行：TORUS↙。

菜单栏："绘图(D)" → "建模(M)" → "圆环体(T)"。

(2) 操作说明。

命令：TORUS↙

指定中心点或 [三点(3P)/两点(2P)/切点、切点、半径(T)]：(指定点 A 或输入选项，指定中心点后，将放置圆环体以使其中心轴与当前用户坐标系(UCS)的 Z 轴平行，圆环体与当前工作平面的 XY 平面平行且被该平面平分)

指定半径或 [直径(D)]：指定圆环(半径点 B)

指定圆管半径或 [两点(2P)/直径(D)]：(指定圆管的半径点 C)

说明：若圆环体的半径小于圆管半径时，则产生两极凹下去类似于橘子形状的实体，如图 7-25(a)所示；若指定负的圆环体的半径，则产生一个类似于橄榄球形状的实体，如图 7-25(b)所示。

(a) 圆环体半径100，圆管半径150　　　(b) 圆环体半径-120，圆管半径200

图 7-25　TORUS 命令创建圆环体

7. 棱锥体

棱锥体用于创建最多具有 32 个侧面的实体棱锥体，命令为：PYRAMID。该命令创建的实体如图 7-26 所示。

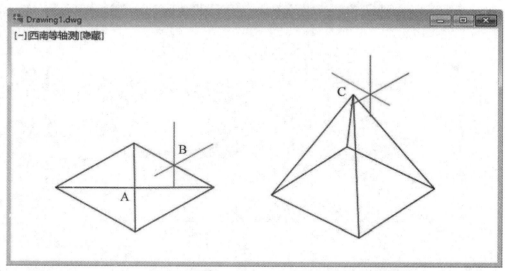

图 7-26　PYRAMID 命令创建棱锥体

(1) 命令输入。

创建棱锥体的几种操作方式如下：

功能区：单击"常用"选项卡的"建模"面板中的"棱锥体"按钮。

工具栏：单击"建模"工具栏中的"棱锥体"按钮。

命令行：PYRAMID↙。

菜单栏："绘图(D)"→"建模(M)"→"棱锥体(Y)"。

(2) 操作说明。

命令：PYRAMID↙

4 个侧面外切

指定底面的中心点或 [边(E)/侧面(S)]：(指定底面的中心点 A)

指定底面半径或 [内接(I)] <86.8849>：(指定边的中点 B)

指定高度或 [两点(2P)/轴端点(A)/顶面半径(T)] <295.2734>：(指定高度点 C)

其中各选项的含义为：

① 边(E)：指定棱锥体底面一条边的长度，拾取两点确定。

② 侧面(S)：指定棱锥体的侧面数。可以输入 3 到 32 之间的数。最初，棱锥体的侧面数设置为 4。执行绘图任务时，侧面数的默认值始终是先前输入的侧面数的值。

③ 内接(I)：指定棱锥体底面内接于(在内部绘制)棱锥体的底面半径。

④ 外切(C)：指定棱锥体外切于(在外部绘制)棱锥体的底面半径。

⑤ 两点(2P)：将棱锥体的高度指定为两个指定点之间的距离。

⑥ 轴端点(A)：指定棱锥体轴的端点位置。该端点是棱锥体的顶点。轴端点可以位于三维空间中的任意位置。轴端点定义了棱锥体的长度和方向。

⑦ 顶面半径(T)：指定棱锥体的顶面半径，并命令创建棱锥体平截面。最初，默认顶面半径未设置任何值。执行绘图任务时，顶面半径的默认值始终是先前输入的任意实体图元的顶面半径值。

说明：默认情况下，可以通过底面的中心、边的中点和确定高度的另一个点来定义一个棱锥体。

8. 螺旋

螺旋用于创建开口的二维或三维螺旋，命令为：HELIX。该命令创建的图形如图 7-27 所示。

图 7-27　HELIX 命令创建螺旋

(1) 命令输入。

创建螺旋的几种操作方式如下：

功能区：单击"常用"选项卡的"绘图"面板中的"螺旋"按钮 。

工具栏：单击"建模"工具栏中的"螺旋"按钮 。

命令行：HELIX↙。

菜单栏："绘图(D)" → "螺旋(I)"。

(2) 操作说明。

命令：HELIX↙

圈数 =3.0000　　扭曲 =CCW

指定底面的圆心：(指定点 A)

指定底面半径或 [直径(D)]<1.0000>：(指定底面半径点 B、输入 D 指定直径或按 ENTER 键指定默认的底面半径值)

指定顶面半径或 [直径(D)]<1.0000>：(指定顶面半径点 C、输入 D 指定直径或按 ENTER 键指定默认的顶面半径值)

指定螺旋高度或 [轴端点(A)/圈(T)/圈高(H)/扭曲(W)] <1.0000>：(指定螺旋高度点 D 或输入选项)

其中各选项的含义为：

① 底面直径(D)：指定螺旋底面的直径。最初，默认底面直径设置为 2。绘制图形时，底面直径的默认值始终是先前输入的底面直径值。

② 顶面直径(D)：指定螺旋顶面的直径。顶面直径的默认值始终是底面直径的值。

③ 轴端点(A)：指定螺旋轴的端点位置。轴端点可以位于三维空间的任意位置。轴端点定义了螺旋的长度和方向。

④ 圈数(T)：指定螺旋的圈(旋转)数。螺旋的圈数不能超过 500。最初，圈数的默认值为 3。绘制图形时，圈数的默认值始终是先前输入的圈数值。

⑤ 圈高(H)：指定螺旋内一个完整圈的高度。当指定圈高值时，螺旋中的圈数将相应地自动更新。如果已指定螺旋的圈数，则不能输入圈高的值。

⑥ 扭曲(W)：指定以顺时针(CW)方向还是逆时针方向(CCW)绘制螺旋。螺旋扭曲的默认值是逆时针方向。

说明：最初，默认底面半径设置为 1。底面半径和顶面半径不能都设置为 0。将螺旋用作 SWEEP 命令的扫掠路径可以创建弹簧、螺纹和环形楼梯。

综上：1～8 小节为用命令直接创建三维基本体的方法，其长、宽、高分别与当前 UCS 的 X、Y、Z 平行，方向一致；高度值可正可负，与 Z 一致；基面指的是基本体上与当前 UCS 的 XOY 共面或平行的面，即基本体的底面。

9. 面域

面域用于将包含封闭区域的对象转换为面域对象，命令为：REGION。该命令创建的面域如图 7-28 所示。

图 7-28　REGION 命令创建面域

(1) 命令输入。

创建面域的几种操作方式如下：

功能区：单击"常用"选项卡的"绘图"面板中的"面域"按钮 。

工具栏：单击"绘图"工具栏中的"面域"按钮 。

命令行：REGION↙。

菜单栏："绘图(D)" → "面域(N)"。

(2) 操作说明。

> 命令：REGION↙
>
> 选择对象：(使用对象选择方法并在完成选择后按 ENTER 键)

10. 拉伸

拉伸命令用于通过拉伸二维图形，来创建三维实体，命令为：EXTRUDE。该命令创建的实体如图 7-29、7-30、7-31 所示。

(1) 命令输入。

拉伸命令的几种操作方式如下：

功能区：单击"常用"选项卡的"建模"面板中的"拉伸"按钮 。

工具栏：单击"建模"工具栏中的"拉伸"按钮 。

命令行：EXTRUDE↙。

菜单栏："绘图(D)" → "建模(M)" → "拉伸(X)"。

(2) 操作说明。

> 命令：EXTRUDE↙
>
> 当前线框密度：ISOLINES = 10，闭合轮廓命令创建模式 = 实体
>
> 选择要拉伸的对象或 [模式(MO)]：_MO 闭合轮廓命令创建模式 [实体(SO)/曲面(SU)] <实体>：_SO
>
> 选择要拉伸的对象或 [模式(MO)]：找到 1 个
>
> 选择要拉伸的对象或 [模式(MO)]：
>
> 指定拉伸的高度或 [方向(D)/路径(P)/倾斜角(T)/表达式(E)] <142.2347>：

其中各选项的含义为：

① 模式(MO)：选择闭合轮廓命令创建模式：实体(SO)或曲面(SU)。

② 拉伸高度：默认情况下，将沿对象所在平面的法线方向拉伸平面对象，如图 7-29 所示。

图 7-29 EXTRUDE 命令创建拉伸实体(直接拉伸)

③ 方向(D)：通过指定的两点来确定拉伸的高度和方向。

④ 路径(P)：选择基于指定曲线对象的拉伸路径。路径将移动到轮廓的质心，然后沿选定路径拉伸选定对象的轮廓以创建实体或曲面，如图 7-30 所示。路径不能与对象处于同一平面，也不能具有高曲率的部分。拉伸实体始于对象所在的平面，并保持其方向沿路径进行拉伸。如果路径包含不相切的线段，将沿每个线段拉伸对象，然后沿线段形成的角平分面斜接接头。如果路径是封闭的，对象则位于斜接面上。这允许实体的起始截面和终止截面相互匹配。如果对象不在斜接面上，将旋转对象直到其位于斜接面上。

图 7-30　EXTRUDE 命令创建拉伸实体(沿路径拉伸)

⑤ 倾斜角(T)：又称锥化角度，指定介于 −90° 到 +90° 之间的角度，按 ENTER 键或指定点结束。如果为倾斜角指定一个点而不是输入值，则必须拾取第二个点。正角度表示从基准对象逐渐变细地拉伸，如图 7-31 所示；负角度则表示从基准对象逐渐变粗地拉伸。默认角度 0，表示在与二维对象所在平面垂直的方向上进行拉伸，如图 7-29 所示。

图 7-31　EXTRUDE 命令创建拉伸实体(锥化拉伸)

11. 旋转

旋转用于通过绕轴旋转二维图形，来创建三维实体，命令为：REVOLVE。该命令创建的实体如图 7-32 所示。

图 7-32 REVOLVE 命令创建旋转实体

(1) 命令输入。

旋转命令的几种操作方式如下：

功能区：单击"常用"选项卡的"建模"面板中的"旋转"按钮。

工具栏：单击"建模"工具栏中的"旋转"按钮。

命令行：REVOLVE✓。

菜单栏："绘图(D)"→"建模(M)"→"旋转(R)"。

(2) 操作说明。

命令：REVOLVE✓

当前线框密度：ISOLINES = 10，闭合轮廓命令创建模式 = 实体

选择要旋转的对象或 [模式(MO)]：_MO

闭合轮廓命令创建模式 [实体(SO)/曲面(SU)] <实体>：_SO

选择要旋转的对象或 [模式(MO)]：找到 1 个

选择要旋转的对象或 [模式(MO)]：

指定轴起点或根据以下选项之一定义轴 [对象(O)/X/Y/Z] <对象>：

指定轴端点：

指定旋转角度或 [起点角度(ST)/反转(R)/表达式(EX)] <360>：

其中各选项的含义为：

① 模式(MO)：选择闭合轮廓命令创建模式，实体(SO)或曲面(SU)。

② 轴起点：指定旋转轴的第一点和第二点。

③ 对象(O)：用户可以选择现有的对象，此对象定义了旋转选定对象时所绕的轴。轴的正方向从该对象的最近端点指向最远端点。

④ X/Y/Z：选 X 轴、Y 轴或 Z 轴为旋转轴线。

12. 扫掠

扫掠用于通过沿路径扫掠平面曲线(轮廓)，创建新实体或曲面，命令为：SWEEP。该命令创建实体如图 7-33 所示。使用 SWEEP 命令，可以通过沿开放或闭合的二维或三维路

径扫掠开放或闭合的平面曲线(轮廓)创建新实体或曲面。该命令沿指定的路径以指定轮廓的形状绘制实体或曲面时，可以扫掠多个对象，但是这些对象必须位于同一平面中。

图 7-33　SWEEP 命令创建扫掠实体

(1) 命令输入。

扫掠命令的几种操作方式如下：

功能区：单击"常用"选项卡的"建模"面板中的"扫掠"按钮 。

工具栏：单击"建模"工具栏中的"扫掠"按钮 。

命令行：SWEEP✓。

菜单栏："绘图(D)"→"建模(M)"→"扫掠(P)"。

(2) 操作说明。

命令：SWEEP✓

当前线框密度：ISOLINES = 10，闭合轮廓命令创建模式 = 实体

选择要扫掠的对象或 [模式(MO)]：_MO

闭合轮廓命令创建模式 [实体(SO)/曲面(SU)] <实体>：_SO

选择要扫掠的对象或 [模式(MO)]：找到 1 个

选择要扫掠的对象或 [模式(MO)]：

选择扫掠路径或 [对齐(A)/基点(B)/比例(S)/扭曲(T)]：

其中各选项的含义为：

① 模式(MO)：选择闭合轮廓命令创建模式，实体(SO)或曲面(SU)。

② 对齐(A)：指定是否对齐轮廓以使其作为扫掠路径切向的法向。默认情况下，轮廓是对齐的。注意：如果轮廓曲线不垂直于(法线指向)路径曲线起点的切向，则轮廓曲线将自动对齐。出现对齐提示时输入 N 以避免该情况。

③ 基点(B)：指定要扫掠对象的基点。如果指定的点不在选定对象所在的平面上，则该点将被投影到该平面上。

④ 比例(S)：指定比例因子以进行扫掠操作。从扫掠路径的开始到结束，比例因子将统一应用到扫掠的对象。

⑤ 扭曲(T)：设置正被扫掠的对象的扭曲角度。扭曲角度指定沿扫掠路径全部长度的

旋转量。

拉伸与扫掠的区别如下。

拉伸时，路径将移动到轮廓的质心，然后沿选定路径拉伸选定对象的轮廓以创建实体或曲面。而扫掠时，沿路径扫掠轮廓时，轮廓将被移动并与路径垂直对齐，然后，沿路径扫掠该轮廓。拉伸和扫掠对比，如图 7-34 所示。

图 7-34　拉伸和扫掠对比

13. 放样

放样用于在一组(两个或多个)曲线之间放样，来创建三维实体或曲面，命令为：LOFT。使用 LOFT 命令，可以通过指定一系列横截面来创建新的实体或曲面，使用 LOFT 命令时必须指定至少两个横截面。横截面用于定义实体或曲面的截面轮廓(形状)。横截面(通常为曲线或直线)可以是开放的(例如圆弧)，也可以是闭合的(例如圆)，但横截面曲线必须同时全部打开或全部闭合。

(1) 命令输入。

放样命令的几种操作方式如下：

功能区：单击"常用"选项卡的"建模"面板中的"放样"按钮 。

工具栏：单击"建模"工具栏中的"放样"按钮 。

命令行：LOFT↙。

菜单栏："绘图(D)"→"建模(M)"→"放样(L)"。

(2) 操作说明。

命令：LOFT↙

前线框密度：ISOLINES = 10，闭合轮廓命令创建模式 = 实体

按放样次序选择横截面或 [点(PO)/合并多条边(J)/模式(MO)]：_MO

闭合轮廓命令创建模式[实体(SO)/曲面(SU)] <实体>：_SO

按放样次序选择横截面或 [点(PO)/合并多条边(J)/模式(MO)]：找到 1 个

按放样次序选择横截面或 [点(PO)/合并多条边(J)/模式(MO)]：找到 1 个，总计 1 个

按放样次序选择横截面或 [点(PO)/合并多条边(J)/模式(MO)]: 找到 1 个, 总计 1 个
按放样次序选择横截面或 [点(PO)/合并多条边(J)/模式(MO)]:
选中了 3 个横截面
输入选项 [导向(G)/路径(P)/仅横截面(C)/设置(S)] <仅横截面>:
其中各选项的含义为:

① 模式(MO): 选择闭合轮廓命令创建模式, 实体(SO)或曲面(SU)。

② 引导(G): 指定控制放样实体或曲面形状的导向曲线。导向曲线是直线或曲线, 导向曲线必须与每个横截面相交, 从第一个横截面开始, 到最后一个横截面结束引导放样如图 7-35 所示。

图 7-35　LOFT 命令创建放样实体(引导(G))

③ 路径(P): 指定放样实体或曲面的单一路径, 路径曲线必须与横截面的所有平面相交。路径放样如图 7-36 所示。

图 7-36　LOFT 命令创建放样实体(路径(P))

④ 仅横截面(C)：只使用截面进行放样，并显示"放样设置"对话框，进行放样曲面设置。仅横截面放样如图 7-37 所示。

图 7-37　LOFT 命令创建放样实体(仅横截面(C))

7.6　编辑三维实体

7.6.1　布尔运算(操作对象可以为实体或面域)

1. 并集

并集用于合并两个或两个以上的对象，命令为：UNION。该命令的效果如图 7-38 所示。

图 7-38　UNION 并集

(1) 命令输入。

并集的几种操作方式如下：

功能区：单击"常用"选项卡的"实体编辑"面板中的"并集"按钮 。

工具栏：单击"建模"工具栏中的"并集"按钮 。

命令行：UNION↙。

菜单栏："修改(M)"→"实体编辑(N)"→"并集(U)"。

(2) 操作说明。

　　命令：UNION↙

　　选择对象：↙(选择求并的实体，可选择多个)

2. 差集

差集用于从一组对象中减去另一组对象，命令为：SUBTRACT。该命令的效果如图 7-39 所示。

图 7-39　SUBTRACT 差集

(1) 命令输入。

差集的几种操作方式如下：

功能区：单击"常用"选项卡的"实体编辑"面板中的"差集"按钮 。

工具栏：单击"建模"工具栏中的"差集"按钮 。

命令行：SUBTRACT↙。

菜单栏："修改(M)"→"实体编辑(N)"→"差集(S)"。

(2) 操作说明。

　　命令：SUBTRACT↙

　　选择要从中减去的实体、曲面和面域…

　　选择对象：↙(选择被减的三维实体)

　　选择要减去的实体、曲面和面域…

　　选择对象：↙(选择减去的三维实体)

3. 交集

交集用于查找多个对象的公共部分，命令为 INTERSECT。该命令的效果如图 7-40 所示。

图 7-40 INTERSECT 求交

(1) 命令输入。

交集的几种操作方式如下：

功能区：单击"常用"选项卡的"实体编辑"面板中的"交集"按钮 。

工具栏：单击"建模"工具栏中的"交集"按钮 。

命令行：INTERSECT✓。

菜单栏："修改(M)"→"实体编辑(N)"→"交集(I)"。

(2) 操作说明。

　　　命令：INTERSECT✓

　　　选择对象：✓(选择求交的实体，可选择多个)

7.6.2 倒角(直角/圆角)

1. 倒直角

倒直角用于给对象加直角，命令为：CHAMFER。该命令的效果如图 7-41、7-42 所示。

图 7-41 CHAMFER 倒直角("边"倒直角)

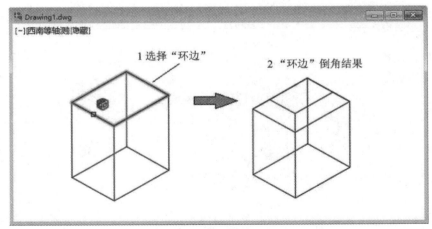

图 7-42 CHAMFER 倒直角("环边"倒直角)

(1) 命令输入。

倒角的几种操作方式如下：

功能区：单击"常用"选项卡的"修改"面板中的"倒角"按钮。

工具栏：单击"修改"工具栏中的"倒角"按钮。

命令行：CHAMFER↙。

菜单栏："修改(M)"→"倒角(C)"。

(2) 操作说明。

命令：CHAMFER↙

("修剪"模式)当前倒角距离 1 = 0.0000，距离 2 = 0.0000

选择第一条直线或 [放弃(U)/多段线(P)/距离(D)/角度(A)/修剪(T)/方式(E)/多个(M)]: (使用对象选择方式或输入选项)

基面选择…

输入曲面选择选项 [下一个(N)/当前(OK)]<当前>: (选择倒角基面，当前或下一个。基面指构成棱边的两个表面中的一个，若选择当前以高亮度显示的表面为基面，则回车即可；否则输入 N，另一个表面则以高亮度显示而作为倒角基面)

指定基面倒角距离或 [表达式(E)]<10.0>: (基面上的倒角距离)

指定另一表面的倒角距离或 [表达式(E)]<10.0>: (另一表面上的倒角距离)

选择边或[环(L)]: (选择欲倒角的边或环)

其中各选项的含义为：

① 多段线(P)：在二维多段线中两条直线段相交的每个顶点处插入倒角线。

② 距离(D)：重新设置倒角距离值。

③ 角度(A)：设置距选定对象的交点的倒角距离，以及与第一个对象或线段所成的 XY 角度。

④ 修剪(T)：控制是否修剪选定对象以与倒角线的端点相交。

⑤ 方式(E)：输入修剪方法，距离(D)或角度(A)。

⑥ 多个(M)：允许为多组对象命令创建倒角。

⑦ 边：启用单边选择模式。

⑧ 环(L)：若倒角棱边首尾相连闭合，选此项操作后只要再选择边中的一条，其余边则自动选中。

2. 倒圆角

倒圆角用于给对象加圆角，命令为：FILLET。该命令效果如图7-43、7-44所示。

图7-43　FILLET倒圆角("边"倒圆角)

图7-44　FILLET倒圆角("环边"倒圆角)

(1) 命令输入。

倒圆角的几种操作方式如下：

功能区：单击"常用"选项卡的"修改"面板中的"圆角"按钮 。

工具栏：单击"修改"工具栏中的"圆角"按钮 。

命令行：FILLET↙。

菜单栏："修改(M)" → "圆角(F)"。

(2) 操作说明。

当前设置：模式=修剪，半径=当前

选择第一个对象或 [放弃(U)/多段线(P)/半径(R)/修剪(T)/多个(M)]：(选择一棱边对象或进行选项操作)

输入圆角半径或 [表达式(E)]<1.0000>:

选择边或 [链(C)/环(L)/半径(R)]: (选择边或进行选项操作)

其中各选项的含义为:

① 多段线(P): 在二维多段线中两条直线段相交的每个顶点处插入圆角线。

② 半径(R): 重新设置圆角半径值。

③ 表达式(E): 使用数学表达式控制圆角半径。

④ 修剪(T): 控制是否修剪选定对象以与圆角线的端点相交。

⑤ 多个(M): 允许为多组对象创建圆角。

⑥ 链(C): 启用连续相切边选择模式。

⑦ 环(L): 若倒角棱边首尾相连闭合,选此项操作后只要再选择边中的一条,其余边则自动选中。

7.6.3　剖切

剖切是利用指定的平面或曲面对实体进行剖切,使实体一分为二,并允许用户只保留其中的某一部分或同时保留两个部分,命令为: SLICE。该命令的效果如图 7-45 所示。

图 7-45　SLICE 剖切实体

(1) 命令输入。

剖切的几种操作方式如下:

功能区:单击“常用”选项卡的“实体编辑”面板中的“剖切”按钮 。

命令行: SLICE✓。

菜单栏:“修改(M)”→“三维操作(3)”→“剖切(S)”。

(2) 操作说明。

命令: SLICE✓

选择要剖切的对象: (使用对象选择方法并在完成时按 ENTER 键。注意:如果要剖切的对象选择集中包括面域,这些面域将被忽略)

指定剖切平面的起点或 [平面对象(O)/曲面(S)/Z 轴(Z)/视图(V)/XY/YZ/ZX/三点(3)]<三点>: (指定点、输入选项或按 ENTER 键以使用“三点”选项)

指定平面上的第二点：(指定第二点，这两点将定义剖切平面的角度，剖切平面垂直于当前 UCS)

选择要保留的实体 [保留两侧(B)]<保留两侧>：(选择生成的实体之一或输入 B)

其中各选项的含义为：

① 平面对象(O)：将剪切面与圆、椭圆、圆弧、椭圆弧、二维样条曲线或二维多段线对齐。

② 曲面(S)：将剪切平面与曲面对齐。

③ Z 轴(Z)：通过平面上指定一点和在平面的 Z 轴(法向)上指定另一点来定义剪切平面。

④ 视图(V)：将剪切平面与当前视口的视图平面对齐。指定一点定义剪切平面的位置。

⑤ XY/YZ/ZX：将剪切平面与当前用户坐标系的 XY 平面、YZ 平面或 ZX 平面对齐。指定一点定义剪切平面的位置。

⑥ 三点(3)：用三点定义剪切平面。

思考与练习

1. 根据如图 7-46 所示的图样，进行三维建模。

图 7-46

2. 根据如图 7-47 所示的图样，进行三维建模。

图 7-47

3. 根据如图 7-48 所示的图样，进行三维建模。

图 7-48

4. 根据如图 7-49 所示的图形，进行三维建模。

图 7-49

第 8 章　综 合 举 例

8.1　绘 制 圆 盘

绘制如图 8-1 所示的图形，图纸幅面采用 A3 图纸，图形尺寸见图纸标注。

图 8-1　圆盘图形

1. 绘制 A3 图框及标题栏

【操作及说明】

命令：RECTANG↙　　　　　　　　　　　　　　　　　　　　（绘制矩形——A3 图纸边界）

指定第一个角点或 [倒角(C)/标高(E)/圆角(F)/厚度(T)/宽度(W)]：0,0↙（输入左下角点坐标）

指定另一个角点或 [面积(A)/尺寸(D)/旋转(R)]：420,297↙　　（输入右上角点坐标）

命令：ZOOM↙　　　　　　　　　　　　　　　　　　　　　　（调整图形占绘图窗口大小）

指定窗口的角点，输入比例因子 (nX 或 nXP)，或者

[全部(A)/中心(C)/动态(D)/范围(E)/上一个(P)/比例(S)/窗口(W)/对象(O)] <实时>：A↙（A3 图纸全部充满绘图窗口）

得到如图 8-2 所示的图形。

图 8-2　绘制图纸边界

命令：OFFSET✓　　　　　　　　　　　　　　　　　　　　　（画平行线——图框线）

当前设置：删除源＝否　图层＝源　OFFSETGAPTYPE＝0

指定偏移距离或 [通过(T)/删除(E)/图层(L)] <通过>：10✓　　　（平行线间距为 10）

选择要偏移的对象，或 [退出(E)/放弃(U)] <退出>：　　　　　（点取矩形）

指定要偏移的那一侧上的点，或 [退出(E)/多个(M)/放弃(U)] <退出>：（在矩形里面点一下）

选择要偏移的对象，或 [退出(E)/放弃(U)] <退出>：✓　　　　（结束偏移）

得到如图 8-3 所示的图形。

图 8-3　绘制图框线

命令：RECTANG✓　　　　　　　　　　　　　　　　　　　　（绘制矩形——标题栏）

指定第一个角点或 [倒角(C)/标高(E)/圆角(F)/厚度(T)/宽度(W)]：（捕捉点取边框线的右下角点）

指定另一个角点或 [面积(A)/尺寸(D)/旋转(R)]：@-140,28✓　（矩形的长和宽分别为 140 和 28）

命令：EXPLODE✓　　　　　　　　　　　　　　　　　　　　（分解矩形，便于做平行线）

选择对象：找到 1 个　　　　　　　　　　　　　　　　　　　（点取标题栏的矩形）

选择对象：✓　　　　　　　　　　　　　　　　　　　　　　　（结束分解）

得到如图 8-4 所示的图形。

图 8-4 绘制标题栏框并分解

命令：OFFSET↙   (在标题栏中作横线的平行线)

当前设置：删除源 = 否   图层 = 源   OFFSETGAPTYPE = 0

指定偏移距离或 [通过(T)/删除(E)/图层(L)] <10.0000>：7   (横线间距为 7)

选择要偏移的对象，或 [退出(E)/放弃(U)] <退出>：   (选择最上面的线)

指定要偏移的那一侧上的点，或 [退出(E)/多个(M)/放弃(U)] <退出>：(点击下方)

选择要偏移的对象，或 [退出(E)/放弃(U)] <退出>：(后面反复进行，直到把所有的横线做完)

得到如图 8-5 所示的图形。

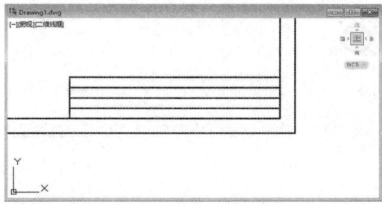

图 8-5 绘制水平平行线

命令：OFFSET↙   (在标题栏中间做竖线的平行线)

当前设置：删除源 = 否   图层 = 源   OFFSETGAPTYPE = 0

指定偏移距离或 [通过(T)/删除(E)/图层(L)] <7.0000>：70↙ (竖线间距为 70，将标题栏一分为二)

选择要偏移的对象，或 [退出(E)/放弃(U)] <退出>   (选择最左边的线)

指定要偏移的那一侧上的点，或 [退出(E)/多个(M)/放弃(U)] <退出>：(点击右边)

选择要偏移的对象，或 [退出(E)/放弃(U)] <退出>：↙   (结束)

命令：OFFSET↙   (同上)

当前设置：删除源 = 否   图层 = 源   OFFSETGAPTYPE = 0

指定偏移距离或 [通过(T)/删除(E)/图层(L)] <70.0000>：25↙   (竖线间距为 25)

选择要偏移的对象，或 [退出(E)/放弃(U)] <退出>：   (选择最左边的线)

指定要偏移的那一侧上的点，或 [退出(E)/多个(M)/放弃(U)]＜退出＞：(点击右边)

选择要偏移的对象，或 [退出(E)/放弃(U)]＜退出＞：(后面反复进行，直到把所有的竖线做完)

得到如图 8-6 所示的图形。

图 8-6 绘制垂直平行线

命令：TRIM↙   (修剪标题栏内多余的线)

当前设置：投影＝UCS，边＝无

选择剪切边...

选择对象或 ＜全部选择＞：↙   (全部选择)

选择要修剪的对象，或按住 Shift 键选择要延伸的对象，或

[栏选(F)/窗交(C)/投影(P)/边(E)/删除(R)/放弃(U)]:   (反复点取要修剪的线段，直到完成)

选择要修剪的对象，或按住 Shift 键选择要延伸的对象，或

[栏选(F)/窗交(C)/投影(P)/边(E)/删除(R)/放弃(U)]: ↙ (修剪命令结束)

得到如图 8-7 所示的图形。

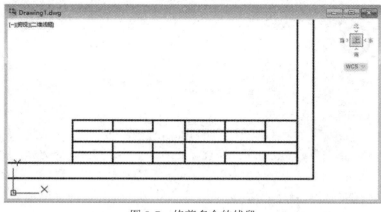

图 8-7 修剪多余的线段

命令：ERASE↙   (删除标题栏内多余的线)

选择对象：   (依次点击删除标题栏内多余的线)

选择对象：↙   (结束删除命令)

得到如图 8-8 所示的图形。

图 8-8　删除多余的线段

2. 绘制中心十字线

【操作及说明】

点击右下方状态栏中的正交限制光标，打开"正交"方式。

命令：LINE↙	(绘制直线)
指定第一点：	(点击确定左面一点)
指定下一点或 [放弃(U)]：	(点击确定右面一点)
指定下一点或 [放弃(U)]：↙	(结束)
命令：LINE↙	(绘制直线)
指定第一点：	(点击确定上面一点)
指定下一点或 [放弃(U)]：	(点击确定下面一点)
指定下一点或 [放弃(U)]：↙	(结束)

得到如图 8-9 所示的图形。

图 8-9　绘制中心十字线

3. 绘制五个大的同心圆

执行画圆命令，以十字线交点为圆心，分别输入半径值 110、95、80、60、30，画出五个的同心圆，结果如图 8-10 所示。

图 8-10　绘制五个大的同心圆

【操作及说明】

命令：CIRCLE↙	(绘制圆)
指定圆的圆心或 [三点(3P)/两点(2P)/相切、相切、半径(T)]:	(点击十字线的交点)
指定圆的半径或 [直径(D)]：110↙	(输入圆的半径 110)
命令：CIRCLE↙	(绘制圆)
指定圆的圆心或 [三点(3P)/两点(2P)/相切、相切、半径(T)]:	(点击十字线的交点)
指定圆的半径或 [直径(D)]：95↙	(输入圆的半径 95)
命令：CIRCLE↙	(绘制圆)
指定圆的圆心或 [三点(3P)/两点(2P)/相切、相切、半径(T)]:	(点击十字线的交点)
指定圆的半径或 [直径(D)]：80↙	(输入圆的半径 80)
命令：CIRCLE↙	(绘制圆)
指定圆的圆心或 [三点(3P)/两点(2P)/相切、相切、半径(T)]:	(点击十字线的交点)
指定圆的半径或 [直径(D)]：60↙	(输入圆的半径 60)
命令：CIRCLE↙	(绘制圆)
指定圆的圆心或 [三点(3P)/两点(2P)/相切、相切、半径(T)]:	(点击十字线的交点)
指定圆的半径或 [直径(D)]：30↙	(输入圆的半径 30)

4. 绘制上面的小同心圆

上面两个小同心圆的半径分别为 5 和 10，圆心在 "A" 点。过程如下：

【操作及说明】

命令：CIRCLE↙	(绘制圆)
指定圆的圆心或 [三点(3P)/两点(2P)/相切、相切、半径(T)]:	(点击圆心 "A" 点)
指定圆的半径或 [直径(D)] < 40.0000>：10↙	(输入圆的半径 10)
命令：CIRCLE↙	(绘制圆)
指定圆的圆心或 [三点(3P)/两点(2P)/相切、相切、半径(T)]:	(点击圆心 "A" 点)
指定圆的半径或 [直径(D)] < 15.0000>：5↙	(输入半径 5)

得到如图 8-11 所示的图形。

图 8-11 绘制小同心圆

5. 绘制另一同心圆圆心所在的直线

以圆心为起点，向右上方 45° 方向绘制一段长度为 100 的直线。

【操作及说明】

命令：LINE✓	（绘制直线）
指定第一点：	（点击大圆圆心）
指定下一点或 [放弃(U)]：@100<45✓	（绘制右上方向长度 100 的直线）
指定下一点或 [放弃(U)]：✓	（结束绘制直线）

得到如图 8-12 所示的图形。

图 8-12 绘制 45° 直线

6. 复制另一个同心圆

将小同心圆从 A 点复制到 B 点。

【操作及说明】

命令：COPY✓	
选择对象：	（选取小同心圆）
选择对象：✓	（结束选择）
指定基点或 [位移(D)/模式(O)]<位移>：	（点取 A 点）
指定第二个点或 [阵列(A)]<使用第一个点作为位移>：	（点取 B 点）
指定第二个点或 [阵列(A)退出(E)/放弃(U)]<退出>：✓	（结束复制）

得到如图 8-13 所示的图形。

图 8-13　对同心圆作复制

7. 打断 "B" 点处的直线

【操作及说明】

命令：BREAK✓

选择对象：　　　　　　　　　　　　　　　　　　(选取线段上适当位置点击)

指定第二个打断点或 [第一点(F)]：　　　　　　　(选取线段上适当位置点击)

得到如图 8-14 所示的图形。

图 8-14　将 "B" 点处的直线做打断

8. 绘制内部小圆的方槽

首先使用偏移命令按照尺寸大小绘制中心十字线的平行线，然后使用修剪命令剪掉多余的线段。

【操作及说明】

命令：OFFSET✓

当前设置：删除源 = 否　图层 = 源　OFFSETGAPTYPE = 0

指定偏移距离或 [通过(T)/删除(E)/图层(L)] <通过>：5✓　　(输入偏移距离 5)

选择要偏移的对象，或 [退出(E)/放弃(U)] <退出>：　　　(点击中间的竖直线)

指定要偏移的那一侧上的点，或 [退出(E)/多个(M)/放弃(U)] <退出>：(点击竖直线左侧)

选择要偏移的对象，或 [退出(E)/放弃(U)] <退出>:　　　　　　(点击中间的竖直线)

指定要偏移的那一侧上的点，或 [退出(E)/多个(M)/放弃(U)] <退出>:　(点击竖直线右侧)

选择要偏移的对象，或 [退出(E)/放弃(U)] <退出>: ✓　　　　　　(结束)

得到如图 8-15 所示的图形。

图 8-15　偏移命令作平行线

命令：OFFSET✓

当前设置：删除源＝否　图层＝源　OFFSETGAPTYPE＝0

指定偏移距离或 [通过(T)/删除(E)/图层(L)] <通过>：40✓　　　　(输入偏移距离 40)

选择要偏移的对象，或 [退出(E)/放弃(U)] <退出>:　　　　　　(点击中间的水平线)

指定偏移的那一侧上的点，或 [退出(E)/多个(M)/放弃(U)] <退出>:　(点击水平线上侧)

选择要偏移的对象，或 [退出(E)/放弃(U)] <退出>: ✓　　　　　　(结束)

得到如图 8-16 所示的图形。

图 8-16　偏移命令作平行线

命令：TRIM✓　　　　　　　　　　　　　　　　　　　　　　(修剪方槽多余的线)

当前设置：投影＝UCS，边＝无

选择剪切边…

选择对象或 <全部选择>: ✓　　　　　　　　　　　　　　　　(全部选择)

选择要修剪的对象，或按住 Shift 键选择要延伸的对象，或

[栏选(F)/窗交(C)/投影(P)/边(E)/删除(R)/放弃(U)]:　　　　(反复点取要修剪的线段，直到完成)

选择要修剪的对象，或按住 Shift 键选择要延伸的对象，或

[栏选(F)/窗交(C)/投影(P)/边(E)/删除(R)/放弃(U)]：✓   (修剪命令结束)

得到如图 8-17 所示的图形。

图 8-17　修剪方槽多余的线段

9. 对上部的小同心圆做环形阵列

对上部的小同心圆做环形阵列并打断多余的直线，环绕一周的小同心圆有六个。

【操作及说明】

命令：ARRAYPOLAR✓

选择对象：   (选取外围的小同心圆)

选择对象：✓   (回车确认)

类型＝矩形　关联＝是

指定阵列的中心点或[基点(B)/计数旋转轴(A)]：   (点击大圆的圆心)

选择夹点以编辑阵列或[关联(AS)/基点(B)/项目(I)/项目间角度(A)/填充角度(F)/行(ROW)/层(L)/旋转项目(ROT)/退出(X)] <退出>：I✓   (选择项目选项)

输入阵列中的项目数或[表达式(E)] <6>：3✓   (输入项目数 6)

选择夹点以编辑阵列或[关联(AS)/基点(B)/项目(I)/项目间角度(A)/填充角度(F)/行(ROW)/层(L)/旋转项目(ROT)/退出(X)] <退出>：✓   (回车确认完成环形阵列)

得到如图 8-18 所示的图形。

图 8-18　上部同心圆做环形阵列

命令：BREAK✓

　选择对象：　　　　　　　　　　　　　　　　　(选取线段上适当位置点击)

　指定第二个打断点或[第一点(F)]：　　　　　　(选取线段上适当位置点击)

得到如图 8-19 所示的图形。

图 8-19　打断多余的线条

10. 对右上部的小同心圆做环形阵列

对右上部的小同心圆做环形阵列，环绕一周的小同心圆有四个。

【操作及说明】

　命令：ARRAYPOLAR✓

　选择对象：　　　　　　　　　　　　　　　　(选取内部的小同心圆)

　选择对象：✓　　　　　　　　　　　　　　　(回车确认)

　类型 = 矩形　关联 = 是

　指定阵列的中心点或 [基点(B)/计数旋转轴(A)]　　(点击大圆的圆心)

　选择夹点以编辑阵列或 [关联(AS)/基点(B)/项目(I)/项目间角度(A)/填充角度(F)/行(ROW)/层(L)/旋转项目(ROT)/退出(X)] <退出>：I✓　　　　(选择项目选项)

　输入阵列中的项目数或 [表达式(E)] <6>：6✓　　(输入项目数 4)

　选择夹点以编辑阵列或 [关联(AS)/基点(B)/项目(I)/项目间角度(A)/填充角度(F)/行(ROW)/层(L)/旋转项目(ROT)/退出(X)] <退出>：✓　　　(回车确认完成环形阵列)

得到如图 8-20 所示的图形。

图 8-20　完成右上部同心圆的环形阵列

11. 对方槽做环形阵列

对方槽做环形阵列，环绕一周的方槽有四个。

【操作及说明】

　　命令：ARRAYPOLAR↙

　　选择对象：　　　　　　　　　　　　　　　　　　　　(选取方槽)

　　选择对象：↙　　　　　　　　　　　　　　　　　　　(回车确认)

　　类型＝矩形　关联＝是

　　指定阵列的中心点或 [基点(B)/计数旋转轴(A)]：　　(点击大圆的圆心)

　　选择夹点以编辑阵列或 [关联(AS)/基点(B)/项目(I)/项目间角度(A)/填充角度(F)/行(ROW)/层(L)/旋转项目(ROT)/退出(X)] <退出>：I↙　　　　　　(选择项目选项)

　　输入阵列中的项目数或 [表达式(E)] <6>：6↙　　　(输入项目数 4)

　　选择夹点以编辑阵列或 [关联(AS)/基点(B)/项目(I)/项目间角度(A)/填充角度(F)/行(ROW)/层(L)/旋转项目(ROT)/退出(X)] <退出>：↙　　　　　　(回车确认完成环形阵列)

得到如图 8-21 所示的图形。

图 8-21　方槽做环形阵列

12. 修剪方槽处多余的圆弧

使用修剪命令去掉小圆上多余的圆弧。

【操作及说明】

　　命令：TRIM↙

　　当前设置：投影＝UCS，边＝无

　　选择剪切边…

　　选择对象或 <全部选择>：　　　　　　　　　　　　　(直接按"回车"键，全部选择)

　　选择要修剪的对象，或按住 Shift 键选择要延伸的对象，或者

　　[栏选(F)/窗交(C)/投影(P)/边(E)/删除(R)/]：　　　　(点击方槽里面的圆弧)

　　选择要修剪的对象，或按住 Shift 键选择要延伸的对象，或

　　[栏选(F)/窗交(C)/投影(P)/边(E)/删除(R)/放弃(U)]：↙　(结束修剪)

得到如图 8-22 所示的图形。

图 8-22　修剪方槽多余的圆弧

13. 对图形进行整理

上面的图形中还有一些多余的图线，需要使用打断命令进行整理。

【操作及说明】

命令：BREAK ↙　　　　　　　　　　　(使用"打断"命令)

选择对象：　　　　　　　　　　　　　(点击确定要打断的第一点)

指定第二个打断点　或 [第一点(F)]：　　(点击确定要打断的第二点)

如此反复，直到结束。

最后的结果如图 8-23 所示。

图 8-23　完成全图

8.2　绘制圆弧连接图形

绘制如图 8-24 所示的图形。

图 8-24　圆弧连接图形

1. 设置图层和图幅

单击下拉菜单"格式"→"图层"项，打开"图层特性管理器"对话框。在该对话框中新建一个图层"图层 1"，设置线型为 CENTER，并利用"对象特性"工具栏，将"图层 1"设为当前层。

设置图幅并调整线型比例因子，过程如下。

【操作及说明】

命令：LIMITS✓(或点击"格式(O)"→"图形界限(I)")

重新设置模型空间界限：

指定左下角点或 [开(ON)/关(OFF)]<0.0000, 0.0000>：✓

指定右上角点<420.0000, 297.0000>：120, 100✓

命令：Z✓

ZOOM

指定窗口的角点，输入比例因子 (nX 或 nXP)，或者

[全部(A)/中心(C)/动态(D)/范围(E)/上一个(P)/比例(S)/窗口(W)/对象(O)] <实时>：A✓

正在重生成模型。

命令：LTS✓　　　　　　　　(调整线型比例因子)

LTSCALE 输入新线型比例因子 <1.0000>：0.2✓

2. 绘制中心线

执行画线命令 LINE，在屏幕的适当位置画出横竖中心线，如图 8-25 所示。

图 8-25　画中心线

用偏移命令，作出其他中心线，过程如下：

【操作及说明】

　　命令：OFFSET✓(或点击 ⊂)

　　当前设置：删除源 = 否　图层 = 源　OFFSETGAPTYPE=0

　　指定偏移距离或 [通过(T)/删除(E)/图层(L)] <1.0000>：20✓

　　选择要偏移的对象，或 [退出(E)/放弃(U)] <退出>：　　　　　　　　　(选择横中心线)

　　指定要偏移的那一侧上的点，或 [退出(E)/多个(M)/放弃(U)] <退出>：(在横中心线下方任意位置单击一下)

　　选择要偏移的对象，或 [退出(E)/放弃(U)] <退出>：✓

重复执行 OFFSET 命令两次，分别指定偏移距离为 44，34，作出另外两条中心线。再用"夹持点编辑"将中心线缩短为适当的长度，得到如图 8-26 所示的图形。

图 8-26　偏移中心线

3. 画圆和直线

将 0 层换为当前层(0 层的线型为细实线)。

(1) 画圆。

【操作及说明】

命令：CIRCLE↙(或点击 ⊙)

指定圆的圆心或 [三点(3P)/两点(2P)/相切、相切、半径(T)]：　　　(捕捉右侧中心线的交点)

指定圆的半径或 [直径(D)]：10↙

重复执行 CIRCLE 命令多次，分别捕捉圆心，并输入半径 18，10，8，得到如图 8-27 所示的图形。

图 8-27　画圆

(2) 画直线。

【操作及说明】

命令：LINE↙(或点击 ╱)

指定第一点：　　　　　　　　　　　　　　　　　　　　　(捕捉图形上的 A 点)

指定下一点或 [放弃(U)]：@68 < -180↙

指定下一点或 [退出(E)/放弃(U)]：@34 < 90↙

指定下一点或 [关闭(C)/退出(X)/放弃(U)]：@16 < 0↙

指定下一点或 [关闭(C)/退出(X)/放弃(U)]：　　　　　　　(捕捉图形上的 B 点)

指定下一点或 [关闭(C)/退出(X)/放弃(U)]：↙

重复执行该命令，将两个小圆的最左点和最右点用竖直线连接起来，得到如图 8-28 所示的图形。

图 8-28　画直线

4．画切圆和圆角并修剪

(1) 画切圆。

【操作及说明】

命令：CIRCLE↙（或点击 ）

指定圆的圆心或 [三点(3P)/两点(2P)/相切、相切、半径(T)]：T↙

指定对象与圆的第一个切点： （在图形右下方半径为 18 圆周的右方指定一点）

指定对象与圆的第二个切点： （在图形上方半径为 18 圆周的右上方指定一点）

指定圆的半径 <默认值>：68↙

(2) 画圆角。

【操作及说明】

命令：FILLET↙（或点击 ）

当前设置：模式 = 修剪，半径 = 0.0000

选择第一个对象或 [放弃(U)/多段线(P)/半径(R)/修剪(T)/多个(M)]：R↙

指定圆角半径 <0.0000>：12↙

选择第一个对象或 [放弃(U)/多段线(P)/半径(R)/修剪(T)/多个(M)]： （选择图形左下角的竖线）

选择第二个对象，或按住 Shift 键选择对象以应用角点或 [半径(R)]： （选择图形左下角的横线）

重复执行 FILLET 命令，输入圆角半径 5，得到如图 8-29 所示的图形。

图 8-29　画切圆和圆角

(3) 修剪图形。

【操作及说明】

命令：TRIM↙（或点击 ）

当前设置：投影 = UCS，边 = 无

选择剪切边...

选择对象或 <全部选择>：↙

选择要修剪的对象，或按住 Shift 键选择要延伸的对象，或

[栏选(F)/窗交(C)/投影(P)/边(E)/删除(R)/放弃(U)]： （修剪多余的线）

选择要修剪的对象，或按住 Shift 键选择要延伸的对象，或

[栏选(F)/窗交(C)/投影(P)/边(E)/删除(R)/放弃(U)]：↙

修剪完的图形如图 8-30 所示。

图 8-30　修剪图形

5. 标注尺寸

(1) 标注线性尺寸。

【操作及说明】

命令：　　　　　　　　　　　　　　　　　(单击 ⊢ 按钮)

指定第一条尺寸界线原点或 <选择对象>：　　(捕捉第一条尺寸界线上的点)

指定第二条尺寸界线原点：　　　　　　　　　　(捕捉第二条尺寸界线上的点)

指定尺寸线位置或

[多行文字(M)/文字(T)/角度(A)/水平(H)/垂直(V)/旋转(R)]：(将尺寸移到合适的位置)

标注文字 = 34↙

重复执行该命令，标注 18、44、20、16 等线性尺寸。

(2) 标注半径尺寸。

【操作及说明】

命令：　　　　　　　　　　　　　　　　　(单击 ⼊ 按钮)

选择圆弧或圆：　　　　　　　　　　　　　(选择图形左下方的圆弧)

标注文字：12↙

指定尺寸线位置或 [多行文字(M)/文字(T)/角度(A)]：　(将尺寸线定在合适的位置上)

重复执行该命令，可标注其余半径尺寸。

(3) 标注直径尺寸。

【操作及说明】

命令：　　　　　　　　　　　　　　　　　(单击 ⊘ 按钮)

选择圆弧或圆：　　　　　　　　　　　　　(点击图形上方小圆的圆周)

标注文字 = 20

指定尺寸线位置或 [多行文字(M)/文字(T)/角度(A)]：　(将尺寸线定在合适的位置上)

最终得到如图 8-24 所示的图形。

8.3　绘制组合体三视图

绘制如图 8-31 所示的组合体三视图。

图 8-31　组合体三视图

1. 设置图层、图幅和线型比例因子

(1) 设置图层。

点击"格式(O)"→"图层(L)"，在弹出的"图层特性管理器"对话框中，设"图层 0"为实线 CONTINUOUS；设"图层 2"为中心线 CENTER；设"图层 3"为虚线 DASHED；设"图层 0"为默认图层。设置好的图层如图 8-32 所示。

图 8-32　设置图层

(2) 设置模型空间界限。

【操作及说明】

　　命令：LIMITS✓

　　重新设置模型空间界限：

　　指定左下角点或 [开(ON)/关(OFF)]<0.0000,0.0000>：✓

　　指定右上角点<420.0000,297.0000>：120,100✓

　　命令：Z✓

　　ZOOM

　　指定窗口的角点，输入比例因子 (nX 或 nXP)，或者

　　[全部(A)/中心(C)/动态(D)/范围(E)/上一个(P)/比例(S)/窗口(W)/对象(O)] <实时>：A✓

(3) 设置线型比例因子。

【操作及说明】

　　命令：LTS✓

　　LTSCALE 输入新线型比例因子 <1.0000>：0.2✓

2. 画俯视图

将"图层 1"换为当前层。

(1) 画俯视图的中心线。

【操作及说明】

　　命令：LINE✓(或点击)

　　指定第一点：　　　　　　　　　(在屏幕适当位置单击一点作为俯视图横中心线的左端点)

　　指定下一点或 [放弃(U)]：@60<0✓

　　指定下一点或 [退出(E)/放弃(U)]：✓

　　命令：LINE✓(或点击✓)

　　指定第一点：　　　　　　　　　(在屏幕适当位置单击一点作为俯视图竖中心线的上端点)

　　指定下一点或 [放弃(U)]：@50<270✓

　　指定下一点或 [退出(E)/放弃(U)]：✓

得到的图形如图 8-33 所示。

图 8-33　画俯视图的中心线

(2) 偏移中心线并画圆。

【操作及说明】

命令：OFFSET↙（或点击 ）

当前设置：删除源＝否 图层＝源 OFFSETGAPTYPE＝0

指定偏移距离或 [通过(T)/删除(E)/图层(L)] <默认值>：23↙

选择要偏移的对象，或 [退出(E)/放弃(U)] <退出>： (点击竖中心线)

指定要偏移的那一侧上的点，或 [退出(E)/多个(M)/放弃(U)] <退出>：(点击竖中心线左侧任一点)

选择要偏移的对象，或 [退出(E)/放弃(U)] <退出>：↙

重复执行该命令，分别输入偏移距离 17、15。

命令：CIRCLE↙（或点击 ⊙）

指定圆的圆心或 [三点(3P)/两点(2P)/切点、切点、半径(T)]：(点击圆心)

指定圆的半径或 [直径(D)] <默认值>：3↙

重复执行该命令，分别输入圆的半径 7、11，得到的图形如图 8-34 所示。

图 8-34 偏移中心线并画圆

(3) 画外轮廓线、倒圆角。

【操作及说明】

命令：OFFSET↙（或点击 ）

当前设置：删除源＝否 图层＝源 OFFSETGAPTYPE＝0

指定偏移距离或 [通过(T)/删除(E)/图层(L)] <默认值>：28↙

选择要偏移的对象，或 [退出(E)/放弃(U)] <退出>： (点击竖中心线)

指定要偏移的那一侧上的点，或 [退出(E)/多个(M)/放弃(U)] <退出>：(点击竖中心线左侧任一点)

选择要偏移的对象，或 [退出(E)/放弃(U)] <退出>：↙

重复执行 OFFSET 命令，分别输入偏移距离 22 和 20，选择外轮廓线，将它们变为"0"层的实线，得到如图 8-35 所示的图形。

命令：FILLET↙（或点击 ⌒）

当前设置：模式＝修剪，半径＝0.0000

选择第一个对象或 [放弃(U)/多段线(P)/半径(R)/修剪(T)/多个(M)]：R↙

指定圆角半径 <0.0000>：5↙

选择第一个对象或 [放弃(U)/多段线(P)/半径(R)/修剪(T)/多个(M)]：　(选择图形左下角的竖线)

选择第二个对象，或按住 Shift 键选择对象以应用角点或 [半径(R)]：(选择图形左下角的横线)

重复执行 FILLET 命令，输入圆角半径 5，画出其余 3 个圆角，并修剪中心线，得到如图 8-36 所示的图形。

图 8-35　画外轮廓线

图 8-36　画圆角并修剪中心线

（4）画筋板和孔结构的图线。

重复执行偏移命令 OFFSET，分别输入偏移距离 4、16、5，得到如图 8-37 所示的图形。

执行修剪命令 TRIM，剪去多余线，选择表达筋板结构的图线，将它们变为"0"层的实线，选择表达孔结构的图线，将它们变为"图层 2"层的虚线，得到如图 8-38 所示的图形。

图 8-37　画筋板和孔结构的图线

图 8-38　修剪图线完成俯视图

3. 画主视图

将状态栏中的"极轴追踪""对象捕捉""对象捕捉追踪"按钮打开。

（1）画底板轮廓。

【操作及说明】

　　命令：LINE✓(或点击 ╱)

指定第一个点： (根据长对正追踪俯视图右端点，在适当位置单击一点 A)

指定下一点或 [放弃(U)]：@6< 90↙

指定下一点或[退出(E)/放弃(U)]：@50< 180↙

指定下一点或[关闭(C)/退出(X)/放弃(U)]：@6< 270↙

指定下一点或[关闭(C)/退出(X)/放弃(U)]：C↙

(2) 画圆柱外轮廓。

【操作及说明】

命令：LINE↙

指定第一个点： (根据长对正追踪 E 点，在主视图中捕捉 B 点)

指定下一点或 [放弃(U)]：@24< 90↙

指定下一点或[退出(E)/放弃(U)]：@22< 180↙

指定下一点或[退出(E)/放弃(U)]：@11< 270↙

指定下一点或[退出(E)/放弃(U)]：↙

(3) 画筋板结构。

【操作及说明】

命令：LINE↙

指定第一个点： (根据长对正追踪 F 点，在主视图中捕捉 C 点)

指定下一点或 [放弃(U)]：@13< 90↙

指定下一点或[退出(E)/放弃(U)]：(向左根据长对正追踪 H 点，在主视图中点击 D 点)

指定下一点或[退出(E)/放弃(U)]：(捕捉 K 点)

指定下一点或[退出(E)/放弃(U)]：↙

得到的图形如图 8-39 所示。

图 8-39　画底板、圆柱和筋板的外轮廓

(4) 画圆孔结构。

根据长对正，用画线命令画出圆孔结构的正面投影。选择表达孔最左、最右位置的图线，将它们变为"图层 2"层的虚线；选择表达孔结构中心位置的图线，将它们变为"图层 1"层的中心线，得到如图 8-40 所示的图形。

图 8-40　画竖直圆孔的投影

画出主视图上的圆孔。

【操作及说明】

命令：**OFFSET**✓(或点击)

当前设置：删除源 = 否　图层 = 源　OFFSETGAPTYPE = 0

指定偏移距离或 [通过(T)/删除(E)/图层(L)] <默认值>：21✓

选择要偏移的对象，或 [退出(E)/放弃(U)] <退出>：　　　　　(点击主视图的底线)

指定要偏移的那一侧上的点，或 [退出(E)/多个(M)/放弃(U)] <退出>：(点击主视图底线上方的任一点)

选择要偏移的对象，或 [退出(E)/放弃(U)] <退出>：✓

选择偏移的图线，将它变为"图层 1"层的中心线，用夹持点编辑将该中心线长度缩短。

命令：**CIRCLE**✓(或点击 ⊙)

指定圆的圆心或 [三点(3P)/两点(2P)/切点、切点、半径(T)]：(捕捉圆心 P 点)

指定圆的半径或 [直径(D)] <默认值>：5✓

得到如图 8-41 所示的图形。

图 8-41　画圆孔的投影

4．画侧视图

(1) 画侧视图中心线。

复制一个俯视图，放在俯视图图形的右边，用旋转命令将其旋转 90°，用夹持点编辑和对象追踪，画出侧视图的中心线；根据高平齐，宽相等，用画线命令，利用对象捕捉追踪功能，画出底盘和筋板的侧视图，如图 8-42 所示。

图 8-42　画中心线及底盘和筋板的侧视图

(2) 复制。

【操作及说明】

命令：COPY↙(或点击)

选择对象： (选择主视图表示空心圆柱的图线)

选择对象：↙

当前设置：复制模式 = 多个

指定基点或 [位移(D)/模式(O)] <位移>： (捕捉 M 点)

指定第二个点或 [阵列(A)] <使用第一个点作为位移>： (捕捉 N 点)

指定第二个点或 [阵列(A)/退出(E)/放弃(U)] <退出>：↙

重复执行该命令，画出空心圆柱的侧视图，得到如图 8-43 所示的图形。

图 8-43　画空心圆柱的侧视图

(3) 画圆孔及相贯线。

根据高平齐，用画线命令画出圆孔的侧视图。

【操作及说明】

命令：ARC✓(或点击 ✐)

指定圆弧的起点或 [圆心(C)]:   (捕捉 R 点)

指定圆弧的第二个点或 [圆心(C)/端点(E)]:   (捕捉 S 点)

指定圆弧的端点: (捕捉 T 点)

这样就画出了孔孔相贯的相贯线投影，重复执行圆弧命令 ARC，用同样的方式画出另一条相贯线的投影；选取孔孔相贯的相贯线投影，将它变为"图层 2"层的虚线，得到如图 8-44 所示的图形。

图 8-44　画圆孔及相贯线

(4) 删除多余图形。

命令：ERASE✓(或点击)

选择对象: (选择俯视图右侧图形)

选择对象:

5. 标注尺寸✓

【操作及说明】

命令: (单击 ⊢⊣ 按钮)

指定第一个尺寸界线原点或 <选择对象>:   (捕捉主视图顶部的左端点)

指定第二条尺寸界线原点: (捕捉主视图顶部的右端点)

指定尺寸线位置或

[多行文字(M)/文字(T)/角度(A)/水平(H)/垂直(V)/旋转(R)]: T✓

输入标注文字 <默认值>: %%C22

指定尺寸线位置或

[多行文字(M)/文字(T)/角度(A)/水平(H)/垂直(V)/旋转(R)] : (点击尺寸标注合适的位置)

命令：　　　　　　　　　　　　　　　　　　　(单击 ⊘ 按钮)

选择圆弧或圆：　　　　　　　　　　　　　　(选择俯视图右上角的小圆)

标注文字 = 6

指定尺寸线位置或 [多行文字(M)/文字(T)/角度(A)]：T✓

输入标注文字 <6>：4x%%C6✓

指定尺寸线位置或 [多行文字(M)/文字(T)/角度(A)]：✓　(点击尺寸标注合适的位置)

反复执行标注尺寸命令，最终得到如图 8-31 所示的图形。

8.4　绘制滑动轴承座三维实体

根据图 8-45 所示的滑动轴承座三视图，绘制该表达滑动轴承座的三维实体图。

图 8-45　滑动轴承座三视图

1. 设置图幅，改变视点并绘制长方体

(1) 设置图幅。

【操作及说明】

命令：LIMITS✓

重新设置模型空间界限:

指定左下角点或 [开(ON)/关(OFF)] <0.0000,0.0000>: ↙

指定右上角点 <420.0000,297.0000>: 150,110↙

命令: Z↙

ZOOM

指定窗口的角点，输入比例因子 (nX 或 nXP)，或者

[全部(A)/中心(C)/动态(D)/范围(E)/上一个(P)/比例(S)/窗口(W)/对象(O)] <实时>: A↙

正在重生成模型。

(2) 改变视点并绘制长方体。

【操作及说明】

点击下拉菜单: "视图(V)" → "三维视图(D)" → "西南等轴测(S)"。

命令: BOX↙ (或点击长方体按钮 ▱)

指定第一个角点或 [中心(C)]: 　　　(在绘图区适当位置指定一点)

指定其他角点或 [立方体(C)/长度(L)]: L↙

指定长度 <默认值>: 90↙

指定宽度 <默认值>: 60↙

指定高度或 [两点(2P)] <默认值>: 14↙

得到如图 8-46 所示的图形。

图 8-46　绘制长方体

2. 倒圆角

【操作及说明】

命令: FILLET↙ (或点击圆角按钮 ⌒)

当前设置: 模式 = 修剪，半径 = 0.0000

选择第一个对象或 [放弃(U)/多段线(P)/半径(R)/修剪(T)/多个(M)]: R↙

指定圆角半径 <0.0000>: 16↙

选择第一个对象或 [放弃(U)/多段线(P)/半径(R)/修剪(T)/多个(M)]: (点击左前角竖直棱线)

输入圆角半径或 [表达式(E)] <16.0000>: ↙

选择边或 [链(C)/环(L)/半径(R)]: (点击右前角竖直棱线)

选择边或 [链(C)/环(L)/半径(R)]: ↙

已选定 2 个边用于圆角。

得到如图 8-47 所示的图形。

图 8-47 倒圆角

3. 绘制圆柱

(1) 画圆。

【操作及说明】

命令: CIRCLE ↙(或点击画圆按钮 ⊙)

指定圆的圆心或 [三点(3P)/两点(2P)/相切、相切、半径(T)]: (捕捉过渡圆角圆弧的圆心)

指定圆的半径或 [直径(D)]: 9↙

得到如图 8-48 所示的图形。

图 8-48 画圆

(2) 拉伸成圆柱。

【操作及说明】

命令：EXTRUDE✓(或点击拉伸按钮)

当前线框密度：ISOLINES = 4，闭合轮廓创建模式 = 实体

选择要拉伸的对象或 [模式(MO)]：_MO

闭合轮廓创建模式 [实体(SO)/曲面(SU)] <实体>：_SO

选择要拉伸的对象或 [模式(MO)]： (选择圆)

选择要拉伸的对象或 [模式(MO)]：✓

指定拉伸的高度或 [方向(D)/路径(P)/倾斜角(T)/表达式(E)] <默认值>：-14✓

(3) 复制圆柱。

【操作及说明】

命令：COPY✓(或点击复制按钮)

选择对象： (选择圆柱)

选择对象：✓

当前设置：复制模式 = 多个

指定基点或 [位移(D)/模式(O)] <位移>： (点击圆柱顶圆的圆心)

指定第二个点或 [阵列(A)] <使用第一个点作为位移>：(点击底板右端圆弧的圆心)

指定第二个点或 [阵列(A)/退出(E)/放弃(U)] <退出>： ✓

得到如图 8-49 所示的图形。

图 8-49　拉伸成圆柱并复制

(4) 差集。

【操作及说明】

命令：SUBTRACT ✓(或点击差集按钮)

选择要从中减去的实体、曲面和面域...

　　选择对象：　　　　　　　(选择底板)

　　选择对象：✓

　　选择要减去的实体、曲面和面域…

　　选择对象：　　　　　　　(选择一个圆柱)

　　选择对象：　　　　　　　(选择另一个圆柱)

　　选择对象：✓

4. 改变视点设置，绘制同心圆

(1) 改变视点设置。

【操作及说明】

先点击"视图"工具条中的"前视"按钮，再点击"西南等轴测"按钮。

(2) 画竖直线。

【操作及说明】

　　命令：LINE✓(或点击直线按钮　)

　　指定第一点：　　　　　　　　　　　　　　　　　　　　　(捕捉底板上棱线中点 A)

　　指定下一点或 [放弃(U)]：@60<90

　　指定下一点或 [放弃(U)]：✓

(3) 画同心圆。

【操作及说明】

　　命令：CIRCLE ✓(或点击画圆按钮　)

　　指定圆的圆心或 [三点(3P)/两点(2P)/相切、相切、半径(T)]：　　(捕捉 B 点)

　　指定圆的半径或 [直径(D)] <默认值>：13✓

重复执行画圆命令，绘制出半径为 25 的圆。

得到如图 8-50 所示的图形。

图 8-50　画竖直线和同心圆

5. 画直线、圆弧

(1) 画直线。

【操作及说明】

命令：LINE ✓(或点击直线按钮)

指定第一点：   (捕捉 D 点)

指定下一点或 [放弃(U)]：   (捕捉 E 点)

指定下一点或[退出(E)/放弃(U)]： (捕捉切点 F)

指定下一点或[关闭(C)/退出(X)/放弃(U)]：✓

重复执行画线命令，分别捕捉端点 D 和切点 C，画出切线 DC。

(2) 画圆弧。

【操作及说明】

命令：ARC✓(或点击圆弧按钮)

指定圆弧的起点或 [圆心(C)]：   (捕捉 C 点)

指定圆弧的第二个点或 [圆心(C)/端点(E)]： (捕捉 G 点)

指定圆弧的端点：   (捕捉 F 点)

得到如图 8-51 所示的图形。

图 8-51　画直线和圆弧

6. 定义面域并拉伸

(1) 定义面域。

【操作及说明】

命令：REGIN✓   (或点击面域按钮▣)

选择对象：   (选择直线 CD、DE、EF 和圆弧 FGC)

选择对象：✓

已提取 1 个环。

已创建 1 个面域。

(2) 拉伸。

命令：EXTRUDE✓ （或点击拉伸按钮 ▣）

当前线框密度：ISOLINES＝4，闭合轮廓创建模式＝实体

选择要拉伸的对象或 [模式(MO)]：_MO

闭合轮廓创建模式 [实体(SO)/曲面(SU)] <实体>：_SO

选择要拉伸的对象或 [模式(MO)]：(选择面域)

选择要拉伸的对象或 [模式(MO)]：✓

指定拉伸的高度或 [方向(D)/路径(P)/倾斜角(T)/表达式(E)] <-14.0000>：12✓

得到如图 8-52 所示的图形。

图 8-52 拉伸

7. 改变视点设置，并绘制线框

(1) 改变视点设置。

先点击"视图"工具条中的"左视"按钮 ▣，再点击"西南等轴测"按钮 ◈。

(2) 绘制线框。

【操作及说明】

命令：LINE✓ （或点击直线按钮 ╱）

指定第一个点：   (捕捉棱线中点 K)

指定下一点或 [放弃(U)]：   (捕捉棱线中点 A)

指定下一点或 [退出(E)/放弃(U)]：   (捕捉小圆象限点 H)

指定下一点或[关闭(C)/退出(X)/放弃(U)]: @38<0✓

指定下一点或[关闭(C)/退出(X)/放弃(U)]: @18<270✓

指定下一点或[关闭(C)/退出(X)/放弃(U)]: C✓

得到如图 8-53 所示的图形。

图 8-53　绘制线框

8. 定义面域并拉伸

(1) 定义面域。

【操作及说明】

命令: REGION✓ (或点击面域按钮 ◙)

选择对象: (选择线框 AHSTK)

选择对象: ✓

已提取 1 个环。

已创建 1 个面域。

(2) 拉伸。

【操作及说明】

命令: EXTRUDE✓ (或点击拉伸按钮 ▤)

当前线框密度: ISOLINES = 4, 闭合轮廓创建模式 = 实体

选择要拉伸的对象或 [模式(MO)]: _MO

闭合轮廓创建模式 [实体(SO)/曲面(SU)] <实体>: _SO

选择要拉伸的对象或 [模式(MO)]: (选择线框面域)

选择要拉伸的对象或 [模式(MO)]: ✓

指定拉伸的高度或 [方向(D)/路径(P)/倾斜角(T)/表达式(E)] <默认值>: -7✓

得到如图 8-54 所示的图形。

图 8-54　拉伸

(3) 拉伸面。

【操作及说明】

命令：SOLIDEDIT↙ (或点击拉伸面按钮)

实体编辑自动检查：SOLIDCHECK = 1

输入实体编辑选项 [面(F)/边(E)/体(B)/放弃(U)/退出(X)] <退出>：_face

输入面编辑选项 [拉伸(E)/移动(M)/旋转(R)/偏移(O)/倾斜(T)/删除(D)/复制(C)/颜色(L)/材质(A)/放弃(U)/退出(X)] <退出>：_extrude

选择面或 [放弃(U)/删除(R)]：　　　　　　(选择要拉伸板的左侧面)

选择面或 [放弃(U)/删除(R)/全部(ALL)]：↙

指定拉伸高度或 [路径(P)]：7

指定拉伸的倾斜角度 <0>：↙

已开始实体校验。

已完成实体校验。

输入面编辑选项 [拉伸(E)/移动(M)/旋转(R)/偏移(O)/倾斜(T)/删除(D)/复制(C)/颜色(L)/材质(A)/放弃(U)/退出(X)] <退出>：↙

实体编辑自动检查：SOLIDCHECK = 1

输入实体编辑选项 [面(F)/边(E)/体(B)/放弃(U)/退出(X)] <退出>：↙

得到如图 8-55 所示的图形。

图 8-55　拉伸面

9. 改变视点设置，拉伸圆并打孔

(1) 改变视点设置。

先点击"视图"工具条中的"前视"按钮，再点击"西南等轴测"按钮。

(2) 拉伸大小圆。

【操作及说明】

命令：EXTRUDE↙(或点击拉伸按钮)

当前线框密度：ISOLINES = 4，闭合轮廓创建模式 = 实体

选择要拉伸的对象或 [模式(MO)]：_MO

闭合轮廓创建模式 [实体(SO)/曲面(SU)] <实体>：_SO

选择要拉伸的对象或 [模式(MO)]：　(选择大圆)

选择要拉伸的对象或 [模式(MO)]：　(选择小圆)

选择要拉伸的对象或 [模式(MO)]：↙

指定拉伸的高度或 [方向(D)/路径(P)/倾斜角(T)/表达式(E)] <默认值>：51↙

(3) 打孔。

【操作及说明】

命令：SUBTRACT↙ (或点击差集按钮)

选择要从中减去的实体、曲面和面域...

选择对象：　　　　　　　　(选择大圆柱)

选择对象：↙

选择要减去的实体、曲面和面域...

　　选择对象：　　　　　　　　　(选择小圆柱)

　　选择对象：✓

得到如图 8-56 所示的图形。

图 8-56　拉伸大小圆并打孔

10. 改变视点设置，移动空心圆柱，画定位线

(1) 改变视点设置。

先点击"视图"工具条中的"左视"按钮 ，再点击"西南等轴测"按钮 。

(2) 移动空心圆柱。

【操作及说明】

　　命令：MOVE✓(或点击移动按钮 ✛)

　　选择对象：　　　　　　　　　　(选择空心圆柱)

　　选择对象：✓

　　指定基点或 [位移(D)] <位移>：　　(点击圆孔的圆心)

　　指定第二个点或 <使用第一个点作为位移>：@7<180✓

得到如图 8-57 所示的图形。

(3) 画定位线。

【操作及说明】

　　命令：LINE✓(或点击直线按钮)

　　指定第一个点：　　　　　　　　(捕捉圆的象限点 U)

　　指定下一点或 [放弃(U)]：@26<0✓

　　指定下一点或[退出(E)/放弃(U)]：@5<90✓

　　指定下一点或[关闭(C)/退出(X)/放弃(U)]：✓

得到如图 8-58 所示的图形。

图 8-57　移动空心圆柱

图 8-58　画定位线

11. 改变视点设置，画圆

(1) 改变视点设置。

先点击"视图"工具条中的"俯视"按钮，再点击"西南等轴测"按钮。

(2) 画圆。

【操作及说明】

命令：CIRCLE ↙(或点击画圆按钮)

指定圆的圆心或 [三点(3P)/两点(2P)/相切、相切、半径(T)]:　　　(捕捉 V 点)

指定圆的半径或 [直径(D)]: 7↙

重复使用画圆命令，输入半径 13，得到如图 8-59 所示的图形。

图 8-59　画圆

12. 拉伸成圆柱并打孔

(1) 拉伸成圆柱。

【操作及说明】

命令: EXTRUDE↙ (或点击拉伸按钮)

当前线框密度: ISOLINES = 4，闭合轮廓创建模式 = 实体

选择要拉伸的对象或 [模式(MO)]: _MO

闭合轮廓创建模式 [实体(SO)/曲面(SU)] <实体>: _SO

选择要拉伸的对象或 [模式(MO)]:　　(选择大圆)

选择要拉伸的对象或 [模式(MO)]: ↙

指定拉伸的高度或 [方向(D)/路径(P)/倾斜角(T)/表达式(E)] <默认值>: -15↙

重复执行拉伸命令，选择小圆，指定拉伸的高度为 -30，得到如图 8-60 所示的图形。

(2) 合并两空心圆柱。

【操作及说明】

命令: UNION↙(或点击并集按钮)

选择对象: (选择小空心圆柱)

选择对象: (选择大空心圆柱)

选择对象: ↙

图 8-60　拉伸成圆柱

(3) 打孔。

【操作及说明】

命令：SUBTRACT ✓(或点击差集按钮)

选择要从中减去的实体、曲面和面域…

选择对象：　　　(选择大空心圆柱)

选择对象：✓

选择要减去的实体、曲面和面域…

选择对象：　　　(选择竖直小圆柱)

选择对象：✓

得到如图 8-61 所示的图形。

图 8-61　打孔

13. 合并实体并着色

用并集命令 UNION 将所有实体合并为一体，点击下拉菜单：视图(V)→视觉样式(S)→真实(R)，最终得到的图形如图 8-62 所示。

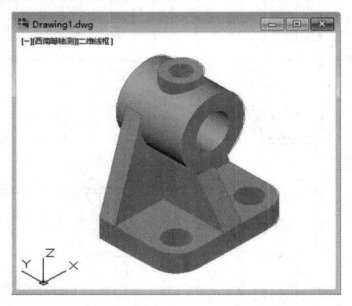

图 8-62 着色

8.5 绘制建筑施工图

建筑施工图是用来表达房屋等建筑物的规划位置、外部造型、内部布置、内外装修、细部构造、固定设施及施工要求等的图纸。它主要包括建筑平面图、建筑立面图、建筑剖面图和建筑详图。

8.5.1 绘制建筑平面图

绘制如图 8-63 所示的建筑平面图。

1. 设置界面

设置绘图界面，包括背景、工作空间、菜单栏、选择卡、面板、状态栏等。

2. 设置单位

设置绘图单位，精度设为 0，其他为系统默认值。

3. 设置文字样式

(1) 单击下拉菜单："格式(O)"→"文字样式(S)…"，打开"文字样式"对话框。

(2) 新建样式名为"MY-TEXT"，字体为"宋体"。

底层平面图 1:100

图 8-63 建筑平面图

4. 设置标注样式

(1) 单击下拉菜单"格式(O)"→"标注样式(S)…",打开"标注样式管理器"对话框。

(2) 创建名为"MY-1TO100"的新标注样式。在"新建标注样式:MY-1TO100"对话框中,选择"线"选项卡,将其尺寸界线选项组中的"超出尺寸线""起点偏移量"均设为 2;选择"符号和箭头"选项卡,将其"箭头"选项组中的"第一个""第二个"均设为"建筑标记";选择"调整"选项卡,将其"标注特征比例"选项组中的"使用全局比例"选项设为 100,选择"主单位"选项卡,将其"测量单位比例"选项组中的"比例因子"选项设为 1。其他设置为默认。

5. 设置图层

(1) 单击"图层"按钮,打开"图层特性管理器"对话框。

(2) 新建图层:1 细点画线、2 粗实线、3 中粗线、4 细实线、5 加粗线、6 辅助线 1、7 辅助线 2。

(3) 给各层设置不同的颜色、线型、线宽。

国家标准(GB)规定,建筑类专业手工图粗线宽度取 b = 1 mm,中粗线宽度取 0.5b = 0.5 mm,

细线宽度取 0.25b = 0.25 mm，加粗线宽度取 1.4b = 1.4 mm。而计算机图，根据现场实践习惯，粗线宽度 b 一般设置为 b = 0.4～0.6 mm。本例中，将粗线宽度设为 b = 0.6 mm，中粗线宽度设为 0.5b = 0.3 mm，细线宽度设为 0.25b = 0.15 mm，加粗线宽度设为 1.4b = 0.8 mm。设置好的图层如图 8-64 所示。

状..名称	▲	冻结	锁..	颜色	线型	线宽		作用	示例
✔ 0		☼	⬚	■白	Continuous	—— 默认			
▱ 1细点画线		☼	⬚	■白	CENTER	—— 0.15 毫米		定位轴线	
▱ 2粗实线		☼	⬚	■白	Continuous	—— 0.60 毫米		墙线	
▱ 3中粗线		☼	⬚	■白	Continuous	—— 0.30 毫米		平面图门线	
▱ 4细实线		☼	⬚	■白	Continuous	—— 0.15 毫米		文字尺寸	
▱ 5加粗线		☼	⬚	■白	Continuous	—— 0.80 毫米		地坪线	
▱ 6辅助线1		☼	⬚	■白	Continuous	—— 0.15 毫米		辅助线	
▱ 7辅助线2		☼	⬚	■白	Continuous	—— 0.15 毫米		辅助线	

图 8-64　设置图层

6. 设置图形界限

(1) 设置图形界限。根据所绘图形的实际大小大致确定其图形界限，一般按实物尺寸的 2 倍设置。本例的图形界限如图 8-65 所示。

点击菜单栏："格式(O)" → "图形界限(I)"。

命令：LIMITS↙

重新设置模型空间界限：

指定左下角点或 [开(ON)/关(OFF)] <0.0000,0.0000>：0,0↙　(键盘输入图界左下角坐标，注意不能用鼠标随意定点)

指定右上角点 <420.0000,297.0000>：34000,24000↙　　(输入图界右上角坐标，建筑图数据很大)

图 8-65　设置图界

(2) 绘制可见范围框。为了有边界感，新手一般可以绘制一个与图界等大的矩形来作为范围框，便于参考布图。

单击"绘图"工具栏的"矩形"命令 ▭。

命令：RECTANG↙

指定第一个角点或 [倒角(C)/标高(E)/圆角(F)/厚度(T)/宽度(W)]：0,0↙

指定另一个角点或 [面积(A)/尺寸(D)/旋转(R)]：34000,24000↙　　(建筑施工图数据很大)

7. 全显

让设置的图形界限或绘制的范围框在屏幕上最大显示,如图 8-66 所示。有两种操作方式:

(1) 菜单栏:"视图"→"缩放"→"全部"。

(2) 快捷方式:快速双击鼠标中键。

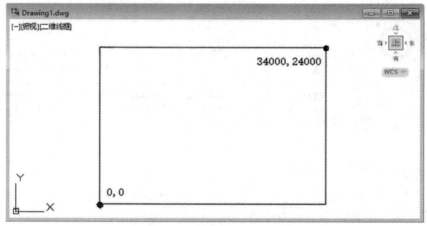

图 8-66　显示图界全部

8. 绘制轴线

(1) 绘制基准轴线。打开状态栏的"正交"按钮,调用直线命令,绘制左下角的轴线 12、34,结果如图 8-67 所示。

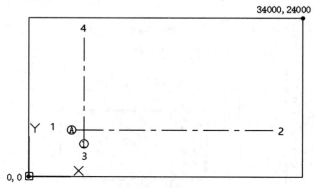

图 8-67　绘制基准线

(2) 调整线型比例因子。调用 LTSCALE 命令,设置线型比例因子为 30。

> 命令:LTSCALE↙
> 输入新线型比例因子 <1.0000>:30↙
> 正在重生成模型。

(3) 偏移生成轴线网。用偏移命令依次得到轴线 2、3、4、1/A、B、C、D,如图 8-68 所示。这里仅举例说明轴线 1 偏移 3600 形成轴线 2。

> 命令:OFFSET↙
> 当前设置:删除源=否　图层=源　OFFSETGAPTYPE=0
> 指定偏移距离或 [通过(T)/删除(E)/图层(L)] <通过>:3600

选择要偏移的对象，或 [退出(E)/放弃(U)] <退出>: (选择轴线 1)

指定要偏移的那一侧上的点，或 [退出(E)/多个(M)/放弃(U)] <退出>: (点击右侧)

选择要偏移的对象，或 [退出(E)/放弃(U)] <退出>: ✓

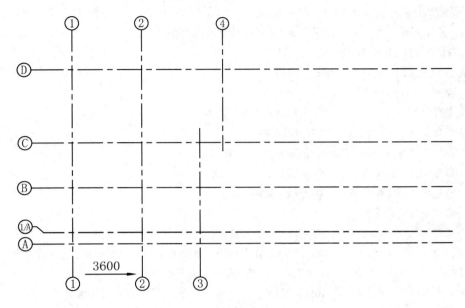

图 8-68　绘制轴网

(4) 设置状态行的正交为"打开"，用夹点的拉伸操作调整轴线的长短。

9. 绘制墙

(1) 设置墙多线样式。

① 单击下拉菜单："格式(O)"→"多线样式(M)…"，打开"多线样式管理器"对话框。

② 创建名为"Q240"的新多线样式，设置如图 8-69 所示。在"新建多线样式: Q240"中，将其封口选项组中的"起点""端点"均设为封口；将其"图元"选项组中的"正偏移""负偏移"均设为 120，其他设置为默认设置，最后选择该新建墙 Q240，置为当前。

图 8-69　设置"墙"的多线样式

(2) 绘制墙线。

① 设置状态栏的"正交""追踪""捕捉"均为打开,且其"捕捉对象"为交点。单击"多线"按钮,设置"对正"为无,"比例"为1。

② 绘制墙线。绘制墙线如图 8-70 所示,这里仅以 1-2-3-4 段和 5-6-7 段墙线为例进行说明。这种方法,利用"追踪"定位,直接把门窗洞空开留好。相较于用"偏移"命令定位的传统方法,效率要高一些。

1-2-3-4 段墙线顺序为:2→3→4。

命令:MLINE↙

当前设置:对正 = 上,比例 = 20.00,样式 = Q240

指定起点或 [对正(J)/比例(S)/样式(ST)]:J↙

输入对正类型 [上(T)/无(Z)/下(B)]<上>:Z↙

当前设置:对正 = 无,比例 = 20.00,样式 = Q240

指定起点或 [对正(J)/比例(S)/样式(ST)]:S↙

输入多线比例 <20.00>:1↙

当前设置:对正 = 无,比例 = 1,样式 = Q240

指定起点或 [对正(J)/比例(S)/样式(ST)]:(移动鼠标到点 1 位置附近停留,直至显示追踪到交点 1。注意是停留操作追踪点 1 作为参考点,而不是单击操作捕捉点 1)

指定下一点:<正交 开>1050↙　(从点 1 右移动鼠标,输入 1050 回车确定到点 2)

指定下一点或 [放弃(U)]:(捕捉交点 1)

指定下一点或 [闭合(C)/放弃(U)]:4000↙　　(3000 + 1000 = 4000,到点 4)

指定下一点或 [放弃(U)]:↙

图 8-70　绘制墙线

567 段墙线顺序为:6→7。

命令:MLINE↙

当前设置:对正 = 无,比例 = 1,样式 = Q240

指定起点或 [对正(J)/比例(S)/样式(ST)]:(移动鼠标到点 5 位置附近停留,直至显示追踪到交点 5)

指定下一点:<正交 开>1050↙　(从点 5 左移动鼠标,输入 1050 到点 6)

指定下一点:1230↙　　(1050 + 180 = 1230,到点 7)

指定下一点或 [放弃(U)]：↙

10. 编辑墙线

单击下拉菜单："修改(M)"→"对象(O)"→"多线(M)"，打开"多线编辑工具"对话框。分别选择"角点结合""T 形合并""十字合并"选框，对墙线进行编辑。效果如图 8-71 所示。

图 8-71　编辑墙线

11. 绘制门

(1) 设置状态行"极轴"的"增量角"为 45°，调用中粗线，用直线命令绘制门线 1-2。

(2) 调用细线，用圆命令绘制门的开启圆，用修剪命令修剪，形成开启线，如图 8-72 所示。

图 8-72　绘制门

(3) 复制相同门。

12. 绘制窗

(1) 设置窗多线样式。

① 单击下拉菜单："格式(O)"→"多线样式(M)…"，打开"多线样式管理器"对话框。

② 创建名为"C60ofQ240"的新多线样式，设置如图 8-73 所示。在"新建多线样式：C60ofQ240"中，窗属于外购件，习惯将其厚度设置为 60；而墙按实际厚度尺寸设置，当前为 240。最后选择该新建多线 C60ofQ240，置为当前。

图 8-73　设置"窗"的多线样式

(2) 绘制窗线。

① 设置状态栏的"正交""捕捉"均为打开，且其"捕捉对象"为中点。单击"多线"按钮，设置"对正"为无，"比例"为1。

② 绘制窗线。这里仅以1-2段窗线为例进行说明，如图8-74所示。

　　　　命令：MLINE↙

　　　　当前设置：对正 = 上，比例 = 20.00，样式 = C60ofQ240

　　　　指定起点或 [对正(J)/比例(S)/样式(ST)]：J↙

　　　　输入对正类型 [上(T)/无(Z)/下(B)] <上>：Z↙

　　　　当前设置：对正 = 无，比例 = 0.00，样式 = C60ofQ240

　　　　指定起点或 [对正(J)/比例(S)/样式(ST)]：S↙

　　　　输入多线比例 <20.00>：1↙

　　　　当前设置：对正 = 无，比例 = 1，样式 = C60ofQ240

　　　　指定起点或 [对正(J)/比例(S)/样式(ST)]：(捕捉点 1)

　　　　指定下一点：(捕捉点 2)

　　　　指定下一点或 [放弃(U)]：↙

结果如图 8-74 所示。

图 8-74　绘制窗

(3) 复制相同窗。

　　　　命令：COPY↙

　　　　选择对象：找到 1 个

　　　　选择对象：↙

　　　　当前设置：复制模式 = 多个

　　　　指定基点或 [位移(D)/模式(O)] <位移>：(窗位置 1)

指定第二个点或 [阵列(A)] <使用第一个点作为位移>: (窗位置 2)

指定第二个点或 [阵列(A)/退出(E)/放弃(U)] <退出>: ↙

13. 注写文字

调用 MTEXT 命令，设置字高为 500，注写每个房间的功能名称：卧室、主卧室、厨房、客厅、阳台、厕所等，如图 8-75 所示。

图 8-75　注写文字

14. 镜像平面图

(1) 调用 MIRRTEXT 系统变量命令，指定其值为 0。

命令：MIRRTEXT↙

输入 MIRRTEXT 的新值 <0>: 0↙

(2) 选择图 8-75 中墙线的 1、2 两点作为镜像线的两端点，得到平面图的右一半，结果如图 8-76 所示。

命令：MIRROR↙

选择对象：窗选左一半：找到 64 个

选择对象：↙

指定镜像线的第一点：(捕捉点 1)

指定镜像线的第二点：(捕捉点 2)

要删除源对象吗？[是(Y)/否(N)]<否>：↙

图 8-76　镜像平面图的另一半

15. 绘制楼梯

(1) 用偏移命令定位，绘制楼梯定位线。

(2) 用修剪、擦除命令，整理楼梯线，结果如图 8-77 所示。

图 8-77　绘制楼梯

16. 绘制散水，标注尺寸

(1) 绘制散水。用偏移命令定位，修剪、擦除命令整理，形成散水线。

(2) 标注尺寸。用"线性标注""连续标注""快速标注"标出相应的尺寸，用"编辑标注文字"等命令对标注作适当调整，结果如图 8-78 所示。

图 8-78　绘制散水，标注尺寸

17. 标注轴号、标高、图名、指北针

(1) 标注轴号。

① 绘制轴线编号圆，调用细线，用"圆"命令绘制半径为 400 的圆。

② 注写轴号，字高 500，如 A，并移动至圆的合适位置。

③ 复制轴号到其他位置，双击修改轴号。

(2) 标注标高。如图 8-79 所示。

图 8-79　绘制标高符号

① 绘制标高符号，调用细实线，设置极轴增量角为 45°，用"直线"命令绘制标高符号。

② 注写标高数值，字高 350，如 3.000，并移动至标高符号合适位置。

③ 复制到其他位置，双击修改标高数值。绘制完成的标高符号如图 8-79 所示。

(3) 标注图名。

① 图名字高 700，比例字高 500。

② 注写图名、图号。

(4) 绘制指北针。

① 绘制十字线，绘制圆，直径为 120。

② 偏移竖直线左右各 150，连线形成指针，填充，擦除多余图线。

标注轴号、图名、指北针如图 8-80 所示。

图 8-80　标注轴号、图名、指北针

18. 补充完善图纸

根据需要，补充完善视图，对标注、文字等作适当调整，并注上必要的文字说明。整理完成的图形如图 8-63 所示。

8.5.2 绘制建筑立面图

绘制图 8-81 所示的建筑立面图。

图 8-81 建筑立面图

1. 分离参考图形

打开底层平面图，调用辅助线图层，绘制直线 1-2，修剪、擦除其北侧，保留南侧，如图 8-82 所示。

图 8-82 分离参考图形

2. 绘制正负零线

调用辅助线图层，绘制高度方向的正负零线 3-4，如图 8-83 所示。

图 8-83 绘制高度方向基准线——正负零线

3. 绘制高度定位线

调用辅助线图层，用偏移命令，上下偏移直线 3-4，完成高度定位，如图 8-84 所示。

图 8-84 绘制高度方向各定位线

4. 绘制左右定位线

调用辅助线图层，用直线命令，从平面图向上引线 5-6、7-8 等，完成左右定位线，如图 8-85 所示。

图 8-85　绘制左右定位线

5. 绘制立面外形及一层门窗阳台

调用不同图层，设置状态栏"捕捉"打开，分别绘制地坪线、最外轮廓线、一层门窗洞线、门窗线、阳台线，如图 8-86 所示。这里仅以绘制室外地坪线为例进行说明。

图 8-86　绘制立面大外形及一层门窗阳台

设置图层"5 加粗线"为当前层。

命令：LINE↙

指定第一个点：(捕捉点 9)

指定下一点或 [放弃(U)]：(捕捉点 10)

指定下一点或[退出(E)/放弃(U)]：↙

6. 复制一层门窗、阳台

复制一层门窗、阳台到其他层，如图 8-87 所示。

命令：COPY↙

选择对象：窗选对象：找到 23 个

选择对象：↙

当前设置：复制模式=多个

指定基点或 [位移(D)/模式(O)] <位移>：(捕捉点 11)

指定第二个点或 [阵列(A)] <使用第一个点作为位移>：(捕捉点 12)

指定第二个点或 [阵列(A)/退出(E)/放弃(U)] <退出>：(捕捉点 13)

指定第二个点或 [阵列(A)/退出(E)/放弃(U)] <退出>：↙

图 8-87　复制一层门窗阳台

7. 镜像门窗阳台

镜像门窗、阳台到另一侧，如图 8-88 所示。

命令：MIRROR↙

选择对象：窗选左一门窗阳台半：找到 69 个

选择对象：↙

指定镜像线的第一点：(捕捉点 14)

指定镜像线的第二点：(捕捉点 15)

要删除源对象吗？[是(Y)/否(N)] <否>：↙

图 8-88　镜像门窗阳台到另一侧

8. 补充完善结构

补充完善结构，如楼梯间门窗。最后关闭辅助线图层，结果如图 8-89 所示。

图 8-89　补充完善结构

9. 标注并整理

注写文字，标注尺寸，整理完成，结果如图 8-81 所示。

8.5.3 绘制建筑剖面图

绘制图 8-90 所示的建筑剖面图。

图 8-90 建筑剖面图

1. 绘制分离线

打开底层平面图，调用辅助线图层，绘制直线 1-2、3-4，如图 8-91 所示。

2. 分离参考图形

修剪、擦除直线 1-2、3-4 两侧，保留中间部分，再旋转 90°，如图 8-92 所示。这里仅以将分离后的图形旋转 90° 为例进行说明。

命令：ROTATE↙

UCS 当前的正角方向：ANGDIR=逆时针　ANGBASE=0

选择对象：窗选对象：找到 178 个

选择对象：↙

指定基点：(目测鼠标定点)

指定旋转角度，或 [复制(C)/参照(R)] <0>：90↙

底层平面图 1:100

图 8-91　绘制分离线

图 8-92　旋转 90°

3. 绘制正负零线

调用辅助线图层，绘制高度方向的正负零线 5-6，如图 8-93 所示。

图 8-93 绘制正负零线

4. 绘制高度定位线

调用辅助线图层，用偏移命令，上下偏移直线 5-6，完成高度定位，如图 8-94 所示。

11.2.000

10.000

9.000

6.000

3.000

5 6 ±0.000

-1.000

图 8-94 绘制高度定位线

5. 绘制左右定位线

调用辅助线图层，用直线命令，从平面图向上引线 7-8、9-10 等等，完成左右定位，如图 8-95 所示。下面仅以绘制左右定位线 7-8、9-10 为例进行说明。

设置状态栏中"正交""对象捕捉"为打开。

绘制 7-8。

　　命令：LINE↙

　　指定第一个点：(捕捉点 7)

　　指定下一点或 [放弃(U)]：(目测定点 8)

　　指定下一点或[退出(E)/放弃(U)]：↙

绘制 9-10。

　　命令：LINE↙

　　指定第一个点：(捕捉点 9)

　　指定下一点或 [放弃(U)]：(目测定点 10)

　　指定下一点或[退出(E)/放弃(U)]：↙

其他竖向线类似。

图 8-95　绘制左右定位线

6. 整理定位线

偏移做出其他高度定位线，并修剪，便于绘制剖面结构，如图 8-96 所示。

图 8-96 整理定位线

7. 绘制剖切面

打开"对象捕捉",调用不同图层,用直线、矩形或多段线命令,连线形成各剖面结构。最后关闭辅助线图层并填充剖切面,结果如图 8-97 所示。

图 8-97 绘制各剖切面

这里举例,仅仅说明填充操作。

命令：HATCH↙

拾取内部点或 [选择对象(S)/放弃(U)/设置(T)]：选择对象

正在选择所有对象...

正在选择所有可见对象...

正在分析所选数据...

8. 绘制一层楼梯

作偏移线确定踏步起点，先绘制一个踏步，然后复制，结果如图 8-98 所示。这里以绘制一个高为 167、宽为 280 的踏步为例进行说明。

打开状态栏中"正交""对象捕捉"。

命令：LINE↙

指定第一个点：(捕捉踏步起点)

指定下一点或 [放弃(U)]：167↙ （踏步高度）

指定下一点或[退出(E)/放弃(U)]：280↙ （踏步宽度）

指定下一点或[关闭(C)/退出(X)/放弃(U)]：↙

图 8-98 绘制一层楼梯

9. 复制楼梯

复制楼梯到其他层，并填充，如图 8-99 所示。

图 8-99 复制楼梯到其他层

10. 完善图纸

补充完善其他结构，如楼梯扶手等；关闭辅助线图层；注写文字，标注尺寸；结果如图 8-90 所示。

8.5.4 绘制建筑详图

绘制图 8-100 所示的建筑详图。

图 8-100 建筑详图

1. 绘制分离线

打开底层平面图，调用辅助线图层，在楼梯间外围绘制矩形 1-2-3-4，如图 8-101 所示。

图 8-101 绘制分离线

绘制分离图形的矩形。

　　命令：RECTANG↙

　　指定第一个角点或 [倒角(C)/标高(E)/圆角(F)/厚度(T)/宽度(W)]：(点 1)

　　指定另一个角点或 [面积(A)/尺寸(D)/旋转(R)]：(点 3)

2. 分离图形

用修剪、擦除等命令，把楼梯间分离出来，如图 8-102 所示。

图 8-102　分离出绘制详图需要参考的结构部分

3. 完善

调用不同图层，补充完善其细部结构，包括断裂线，如图 8-103 所示。

图 8-103　底层楼梯详图

4. 复制楼梯

复制楼梯形成其他楼层平面图，补充完善其细部结构，如图 8-104 所示。

复制楼梯形成其他楼层平面图。

打开状态中的"正交"。

　　命令：COPY↙

　　选择对象：窗选对象：找到 114 个

　　选择对象：↙

　　当前设置：复制模式＝多个

　　指定基点或 [位移(D)/模式(O)] <位移>：(目测定点 1)

　　指定第二个点或 [阵列(A)] <使用第一个点作为位移>：(正交定点 2)

　　第二个点或 [阵列(A)/退出(E)/放弃(U)] <退出>：(正交定点 3)

　　指定第二个点或 [阵列(A)/退出(E)/放弃(U)] <退出>：↙

图 8-104　复制形成其他楼层楼梯详图

5. 完善图纸

　　补充完善其他结构。关闭辅助线图层；设置文字高度为打印输出图纸高度的 50 倍，注写文字；在原来平面图 MY-1TO100 标注样式的基础上，设置详图需要的新的标注样式 MY-1TO50，设置标注比例因子为 50，其他不动，标注尺寸。整理完成，结果如图 8-100 所示。

附录　上机练习题

1. 绘制如附图 1 所示的菱形，其边长为 80 mm，内角分别为 60°和 120°。
2. 绘制如附图 2 所示的三角形图案，其中最大的三角形边长为 200 mm。

附图 1

附图 2

3. 绘制如附图 3 所示的平面图形，其中圆弧直径为 60 mm。
4. 绘制如附图 4 所示的平面图形，每个正方体的边长为 30 mm。

附图 3

附图 4

5. 绘制如附图 5 所示的平面图形，正五边形外接圆的直径为 160 mm。

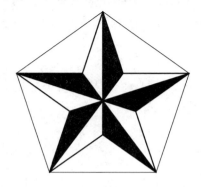

附图 5

6. 绘制如附图 6、附图 7、附图 8、附图 9、附图 10、附图 11 所示的圆弧连接平面图形。

附图 6

附图 7

附图 8

附图 9

附图 10

附图 11

7. 绘制如附图12、附图13所示三视图，并据视图表达的结构绘制三维立体图。

附图12

附图13

8. 绘制如附图14所示的三视图，并标注尺寸。

附图 14

9. 绘制如附图 15、附图 16 所示的有剖视图的三视图，并标注尺寸。

附图 15

附图 16

10. 绘制如附图 17 所示的建筑平面图。

附图 17

11. 绘制如附图 18 所示的楼梯节点详图。

附图 18

12. 绘制如附图 19 所示的楼梯剖面图。

附图 19

参 考 文 献

[1]　刘玉红，周佳. AutoCAD 2018 基础设计[M]. 北京：清华大学出版社，2019.

[2]　张莉，周子良，何婧. AutoCAD 2020 中文版标准教程[M]. 北京：中国轻工业出版社，2019.

[3]　姜春峰，武小红，魏春雪. AutoCAD 2020 中文版基础教程[M]. 北京：中国青年出版社，2019.

[4]　CAD/CAM/CAE 技术联盟. AutoCAD 2020 中文版机械设计从入门到精通[M]. 北京：清华大学出版社，2020.

[5]　谢泳，李勇. AutoCAD 基础绘图与实训教程[M]. 徐州：中国矿业大学出版社，2017.

[6]　天工在线. 中文版 AutoCAD 2020 从入门到精通：实战案例版[M]. 北京：中国水利水电出版社，2019.

[7]　钟日铭. AutoCAD 2020 中文版入门·进阶·精通[M]. 6 版. 北京：机械工业出版社，2020.

[8]　胡春红. AutoCAD 2020 中文版入门、精通与实战[M]. 北京：电子工业出版社，2019.

[9]　孟令明，赵自勤，庄凌屹. AutoCAD 2020 中文版建筑设计完全自学一本通[M]. 北京：电子工业出版社，2020.

[10]　龙马高新教育. AutoCAD 2020 中文版建筑设计实战从入门到精通[M]. 北京：人民邮电出版社，2020.